"中国森林生态系统连续观测与清查及绿色核算"系列丛书

王　兵■主编

# 辽宁省生态公益林资源及其
# 生态系统服务动态监测与评估

王　兵　赵　博　牛　香　祁　爽
王雪松　王文明　王　娇　陶玉柱　等■著

中国林业出版社

**图书在版编目（CIP）数据**

辽宁省生态公益林资源及其生态系统服务动态监测与评估 / 王兵等著. --
北京 : 中国林业出版社, 2018.12
（"中国森林生态系统连续观测与清查及绿色核算"系列丛书）
ISBN 978-7-5038-9757-3

Ⅰ.①辽… Ⅱ.①王… Ⅲ.①公益林－生态系统－服务功能－研究－辽宁
Ⅳ.①S727.9

中国版本图书馆CIP数据核字(2018)第221030号

审图号 : 辽 S (2018) 99 号

中国林业出版社·科技出版分社
策划、责任编辑： 于界芬　于晓文

| | | |
|---|---|---|
| 出版发行 | 中国林业出版社 | |
| | （100009 北京西城区德内大街刘海胡同 7 号） | |
| 网　址 | www.lycb.forestry.gov.cn | |
| 电　话 | (010) 83143542 | |
| 印　刷 | 固安县京平诚乾印刷有限公司 | |
| 版　次 | 2018 年 12 月第 1 版 | |
| 印　次 | 2018 年 12 月第 1 次 | |
| 开　本 | 889mm×1194mm　1/16 | |
| 印　张 | 12.75 | |
| 字　数 | 292 千字 | |
| 定　价 | 98.00 元 | |

# 《辽宁省生态公益林资源及其生态系统服务动态监测与评估》著者名单

项目完成单位：

中国林业科学研究院森林生态环境与保护研究所

辽宁省生态公益林管理中心

中国森林生态系统定位观测研究网络（CFERN）

项目首席科学家：

王　兵　中国林业科学研究院

项目组成员：

| | | | | |
|---|---|---|---|---|
| 赵　博 | 祁　爽 | 王雪松 | 王文明 | 王　娇 |
| 胡　丹 | 罗继尧 | 董文宇 | 赵衍宇 | 梁冬雪 |
| 王一格 | 徐　蕾 | 康　丽 | 许坤銮 | 潘云爽 |
| 牛　香 | 张士利 | 刘胜涛 | 宋庆丰 | 陶玉柱 |
| 魏文俊 | 陈　波 | 张维康 | 房瑶瑶 | 张金旺 |
| 潘勇军 | 丁访军 | 刘　磊 | 张玉龙 | 刘　斌 |
| 徐丽娜 | 董玲玲 | 白浩楠 | 李慧杰 | 刘　润 |

# 特别提示

1. 本研究依据森林生态系统连续观测与清查体系（简称：森林生态连清体系），对辽宁省森林生态系统服务功能进行评估，范围包括沈阳、大连、铁岭、抚顺、本溪、丹东、阜新、朝阳、锦州、葫芦岛、辽阳、鞍山、营口、盘锦 14 个地级市。

2. 评估所采用的数据源包括：①森林生态连清数据集：辽宁省森林生态连清数据主要来源于辽宁省及周边省份的 10 个森林生态站以及辅助观测点的监测结果数据；②森林资源连清数据集：辽宁省生态公益林数据集和 2006～2014 年辽宁省森林资源二类调查数据集；③社会公共数据集：国家权威部门以及辽宁省公布的社会公共数据。

3. 本研究中，辽宁省生态公益林包括国家级公益林和省级公益林，对公益林资源现状进行分析，并从物质量和价值量角度评估了生态公益林生态服务功能。

4. 依据中华人民共和国林业行业标准《森林生态系统服务功能评估规范》(LY/T1721—2008)，针对辽宁省 14 个地级市和不同优势树种组分别开展森林生态系统服务功能评估，评估指标包括涵养水源、保育土壤、固碳释氧、林木积累营养物质、净化大气环境、森林防护、生物多样性保护和森林游憩等 8 项功能 23 个指标。

5. 当用现有的野外观测值不能代表同一生态单元同一目标林分类型的结构或功能时，为更准确获得这些地区生态参数，引入了森林生态功能修正系数，以反映同一林分类型在同一区域的真实差异。

6. 在价值量评估过程中，由物质量转价值量时，部分价格参数并非评估年价格参数，因此引入贴现率将非评估年价格参数换算为评估年份价格参数以计算各项功能价值量的现价。

7. 本研究中提及的滞尘量是指森林生态系统潜在饱和滞尘量，是基于模拟实验的结果，测算的是林木的潜在滞尘量。

凡是不符合上述条件的其他研究结果均不宜与本研究结果简单类比。

# 前　言

　　森林是陆地上最大的生态系统。森林在地球上的分布范围广阔，生物多样性丰富，不仅能够为人类提供大量的林副产品，而且在维持生物圈的稳态方面发挥着重要作用。长期以来，人们认为森林的作用就是为人类提供木材和其他林业产品，具有单纯的经济效益。随着科学的发展，人们逐渐认识到，森林作为生物圈中最重要的生态系统，它所具有的生态效益和社会效益远远超过其带来的经济效益。森林是人类的资源宝库，是生物圈中能量流动和物质循环的主体。

　　森林生态系统服务功能是指森林生态系统与生态过程所维持人类赖以生存的自然环境条件与效用。其主要的输出形式表现在两方面，即为人类生产和生活提供必需的有形的生态产品和保证人类经济社会可持续发展、支持人类赖以生存的无形生态环境与社会效益功能。然而长期以来，人类对森林的主体作用认识不足，使森林资源遭到了日趋严重的破坏，如空气质量下降、雾霾频发、干旱和洪涝加剧、水土流失严重、生物多样性破坏和荒漠化面积增加等生态环境问题日益突显，最终使得人类生存环境面临越来越严峻的挑战。因此，如何加强林业生态建设，最大限度地发挥森林生态系统服务功能已成为人们最关注的热点问题之一，而进一步去客观评价森林生态系统服务功能价值动态变化，对于科学经营与管理森林资源具有重要的现实意义。

　　早在 2005 年，时任浙江省委书记的习近平同志在浙江安吉天荒坪镇余村考察时，首次提出了"绿水青山就是金山银山"的科学论断。经过多年的实践检验，习近平总书记后来再次全面阐述了"两座山论"，即"我们既要绿水青山，也要金山银山。宁要绿水青山，不要金山银山，而且绿水青山就是金山银山"。这三句话从不同角度阐明了发展经济与保护生态二者之间的辩证统一关系，既有侧重又不可分割，构成有机整体。"金山银山"与"绿水青山"这"两座山论"，正在被海内外越来越多的人所知晓和接受。习总书记在国内国际很多场合，以此来阐明生态文明建设的重要性，为美丽中国建设指引方向。

　　十八大以来，习近平总书记100多次谈及生态文明和林业改革发展。"良好的生态环境是最公平的公共产品，是最普惠的民生福祉。""小康全面不全面，生态环境质量是关键。""生态环境保护是一个长期任务，要久久为功。""要像保护眼睛一样保护生态环境，像对待生命一样对待生态环境。"习总书记这一系列经典论述，足以说明生态保护的重要性。

2017年10月18日，习近平总书记在十九大报告中指出，加快生态文明体制改革，建设美丽中国。建设生态文明是中华民族永续发展的千年大计。人与自然是生命共同体，人类必须尊重自然、顺应自然、保护自然。我们要建设的现代化是人与自然和谐共生的现代化，既要创造更多物质财富和精神财富以满足人民日益增长的美好生活需要，也要提供更多优质生态产品以满足人民日益增长的优美生态环境的需要。必须坚持节约优先、保护优先、自然恢复为主的方针，形成节约资源和保护环境的空间格局、产业结构、生产方式、生活方式，还自然以宁静、和谐、美丽。要推进绿色发展，着力解决突出环境问题，加大生态系统保护力度，改革生态环境监测体制。生态文明建设功在当代、利在千秋。走向生态文明新时代，建设美丽中国，是实现中华民族伟大复兴中国梦的重要内容。我们要牢固树立社会主义生态文明观，推动形成人与自然和谐发展现代化建设新格局，为保护生态环境做出我们这代人的努力。

近年来，我国在借鉴国内外最新研究成果基础上，通过中国森林生态系统定位观测研究站，依靠森林生态连清技术进行了一系列不同尺度森林生态系统服务功能的评估，并完成相关评估报告，这充分体现了森林资源清查与森林生态连清有机耦合的重要性，标志着我国森林生态服务功能评估迈出了新的步伐，为描述我国森林生态系统服务的动态变化，完善森林生态环境动态评估及健全生态补偿机制提供了科学依据。

借助CFERN平台，中国森林生态服务功能评估项目组，2006年，启动"中国森林生态质量状态评估与报告技术"（编号：2006BAD03A0702）"十一五"科技支撑计划；2007年，启动"中国森林生态系统服务功能定位观测与评估技术"（编号：200704005）国家林业公益性行业科研专项计划，组织开展森林生态服务功能研究与评估测算工作；2008年，参考国际上有关森林生态服务功能指标体系，结合我国国情、林情，制定了《森林生态系统服务功能评估规范》（LY/T1721-2008），并对"九五""十五""十一五""十二五"期间全国森林生态系统涵养水源、固碳释氧等主要生态服务功能的物质量和价值量进行了较为系统、全面的测算。

2009年11月17日，在国务院新闻办举行的第七次全国森林资源清查新闻发布会上，时任国家林业局局长贾治邦首次公开了我国森林生态系统服务功能的评估结果：全国每年涵养水源量近5000亿立方米，相当于12个三峡水库的库容量；每年固土量70亿吨，相当于全国每平方千米平均减少了730吨的土壤流失；6项森林生态系统服务功能价值量合计达到10.01万亿元／年，相当于当年全国GDP总量的1/3。

2015年，由国家林业局和国家统计局联合完成的"生态文明制度构建中的中国森林资源核算研究"项目的研究成果显示，与第七次全国森林资源清查期末相比，第八次全国森林资源清查期间年涵养水源量、年保育土壤量分别增加了17.37%、16.43%；全国森林生态系统服务年价值量达到12.68万亿元，增长了27.00%，相当于2013年全国GDP总值（56.88万亿元）的23.00%。

重视林业建设，增强植树造林力度，增加森林面积，对于改善中国森林资源不足、生态环境形势严峻的局面具有非常重要的意义。评估分析以及合理量化森林的经济价值，研究森林资源的综合效益，能够使人们更加深刻地了解林业建设的重要意义，充分认识森林的重要作用，加强林业建设在经济社会发展中的重要地位，更好地发挥林业在全国生态文明建设中的作用，促进人类与自然和社会的协调发展。

为了客观、动态、科学地评估辽宁省森林生态系统服务功能，尤其是辽宁省生态公益林的生态服务功能，准确量化森林生态系统服务功能的物质量和价值量，提高林业在辽宁省国民经济和社会发展中的地位，辽宁省生态公益林项目中心组织了此次评估工作。以中国森林生态系统定位观测研究网络（CFERN）为技术依托，结合辽宁省2006～2014年森林资源的实际情况，运用森林生态系统连续观测与定期清查体系，以辽宁省森林资源二类调查数据为基础，以CFERN多年连续观测数据、国家权威部门发布的公共数据及中华人民共和国林业行业标准《森林生态系统服务功能评估规范》（LY/T 1721-2008）为依据，采用分布式测算方法，从涵养水源、保育土壤、固碳释氧、林木积累营养物质、净化大气环境、生物多样性保护、森林防护和森林游憩8个方面，对辽宁省生态公益林及全省森林生态系统服务功能的物质量和价值量进行了评估测算。评估结果表明，2006、2008、2010、2011和2014年辽宁省森林生态系统服务功能价值量分别为2591.72亿元、3080.20亿元、3723.48

亿元、4188.05 亿元和 4834.34 亿元。其中涵养水源价值量最大，分别为 897.69 亿元、1162.75 亿元、1625.23 亿元、1695.65 亿元和 1725.37 亿元，占相应年份价值总量的 34.64%、37.75%、43.65%、41.85% 和 35.69%。其中，"水库"总量分别为 114.05 亿立方米/年、141.78 亿立方米/年、198.18 亿立方米/年、206.77 亿立方米/年和 210.39 亿立方米/年；"碳库"总量分别为 1196.94 万吨/年、1235.19 万吨/年、1661.06 万吨/年、1806.63 万吨/年和 1908.96 万吨/年；"氧吧库"总量分别为 2659.78 万吨/年、2739.96 万吨/年、3859.72 万吨/年、4199.47 万吨/年和 4410.34 万吨/年；"基因库"总量分别为 742.53 亿/年、808.44 亿/年、786.18 亿/年、904.53 亿/年和 949.07 亿/年。

对辽宁省生态公益林生态服务功能评估的结果表明，2006、2008、2010 和 2014 年辽宁省生态公益林生态系统服务功能价值量分别为 1452.40 亿元、1730.01 亿元、2047.58 亿元和 2389.60 亿元。其中，"水库"总量分别为 54.04 亿立方米/年、67.66 亿立方米/年、92.83 亿立方米/年和 94.15 亿立方米/年；"碳库"总量分别为 567.11 万吨/年、589.43 万吨/年、778.04 万吨/年和 854.26 万吨/年；"氧吧库"总量分别为 1260.20 万吨/年、1307.51 万吨/年、1807.89 万吨/年和 1973.63 万吨/年；"基因库"总量分别为 419.08 亿/年、457.58 亿/年、435.47 亿/年和 506.33 亿/年。

评估结果以直观的货币形式展示了辽宁省森林生态系统为人们提供的服务价值，然后通过各种媒体对这种价值的宣传，可以有效地帮助人们直观地了解森林生态系统服务的价值，从而提高人们对森林生态系统服务的认识程度，增强人们的生态环境保护意识；有利于推进辽宁省林业的发展向生态、经济、社会三大效益统一的科学道路上转变，为构建生态文明制度、全面建成小康社会、实现中华民族伟大复兴的中国梦不断创造更好的生态条件，帮助人们算清楚"绿水青山价值多少金山银山"这笔账。

著　者

2018 年 5 月

# 目　录

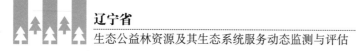

# 第一章

# 辽宁省森林生态系统
# 连续观测与清查体系

辽宁省森林生态系统服务功能评估基于辽宁省森林生态系统连续观测与清查体系（简称辽宁省森林生态连清体系）（图1-1），是指以生态地理区划为单位，依托国家现有森林生态系统定位观测研究站（简称森林生态站）和辽宁省内及周边的其他林业监测点，采用长期定位观测技术和分布式测算方法，定期对辽宁省森林生态系统服务功能进行全指标体系连续观测与清查，它与辽宁省森林资源二类调查数据以及生态公益林资源数据相耦合，评估一定时期和范围内的辽宁省森林生态系统服务，进一步了解辽宁省森林生态系统服务的动态变化。

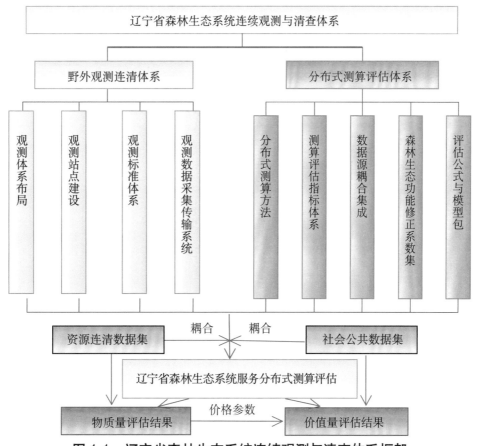

图1-1　辽宁省森林生态系统连续观测与清查体系框架

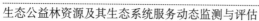

## 第一节　野外观测技术体系

### 一、辽宁省森林生态系统服务功能监测站布局与建设

野外观测是构建辽宁省森林生态连清体系的重要基础，为了做好这一基础工作，需要考虑如何构架观测体系布局。国家森林生态站与辽宁省内及周边的各类林业监测点作为辽宁省森林生态系统服务监测的两大平台，在建设时坚持"统一规划、统一布局、统一建设、统一规范、统一标准，资源整合，数据共享"原则。

森林生态站网络布局总体上是以典型抽样为基础，根据研究区的水热分布和森林立地情况等，选择具有典型性、代表性、层次性明显的区域。辽宁省目前已建和在建的森林生态站和辅助站点在布局上已经能够充分体现区位优势和地域特色，森林生态站布局在全省和地方等层面的典型性和重要性已经得到兼顾，并且已形成层次清晰、代表性强的森林生态站及辅助观测网点，可以负责相关站点所属区域的各级测算单元，即可再分为优势树种组、林分起源组和林龄组等。借助这些森林生态站，可以满足辽宁省森林生态连清和科学研究需求。

森林生态站作为森林生态系统服务监测站，在辽宁省森林生态系统服务评估中发挥着极其重要的作用。本次评估所采用的数据主要来源于辽宁省内森林生态系统定位观测研究站及周边站点，同时还利用辅助观测点对数据进行补充和修正（表1-1）。森林生态站包含

表1-1　辽宁省及其周边省份森林生态系统服务监测站点分布

| 省份 | 台站名称 |
| --- | --- |
| 辽宁省 | 冰砬山森林生态站 |
| | 白石砬子森林生态站 |
| | 辽东半岛森林生态站 |
| | 辽河平原森林生态站 |
| 吉林省 | 长白山森林生态站 |
| | 长白山西坡森林生态站 |
| 内蒙古自治区 | 赛罕乌拉森林生态站 |
| | 特金罕山森林生态站 |
| | 赤峰森林生态站 |
| 河北省 | 塞罕坝森林生态站 |

分布在辽宁省内的冰砬山森林生态站、白石砬子森林生态站、辽东半岛森林生态站和辽河平原森林生态站，还包含分布在临近省份的与辽宁省处在同一生态区内的森林生态站，包括长白山森林生态站和长白山西坡森林生态站、赛罕乌拉森林生态站、特金罕山森林生态站和赤峰森林生态站、塞罕坝森林生态站。目前的森林生态站和辅助站点在布局上能够充分体现区位优势和地域特色，兼顾了森林生态站布局在国家和地方等层面的典型性和重要性，目前已形成层次清晰、代表性强的森林生态站网，可以负责相关站点所属区域的森林生态连清工作。

辽宁省内的辅助监测点包括：①退耕还林生态效益核心监测点；②辽宁省林业调查规划院设立的一类资源清查的监测站点，共设立了1万多块的固定样地，重点监测生物资源变化情况；③其他长期固定实验点，如辽宁省林业科学研究院在辽东山区设立的实验点（抚顺市湾甸子林场和丹东市大孤山林场等）。

### 二、辽宁省森林生态连清监测评估标准体系

辽宁省森林生态连清监测评估所依据的标准体系包括从森林生态系统服务功能监测站点建设到观测指标、观测方法、数据管理乃至数据应用各个方面的标准（图1-2）。这一系列的标准化保证了不同站点所提供辽宁省森林生态连清数据的准确性和可比性，为辽宁省森林生态系统服务功能评估的顺利进行提供了保障。

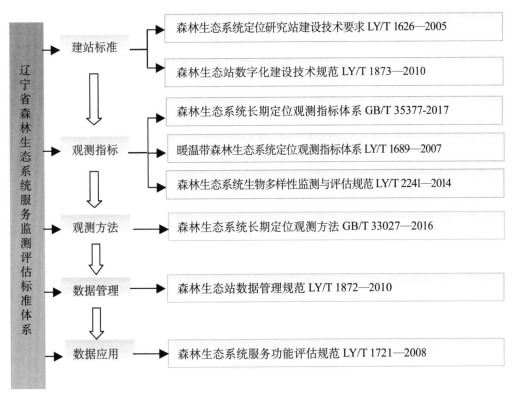

图 1-2　辽宁省森林生态系统服务监测评估标准体系

## 第二节 分布式测算评估体系

### 一、分布式测算方法

分布式测算源于计算机科学,是研究如何把一项整体复杂的问题分割成相对独立运算的单元,并将这些单元分配给多个计算机进行处理,最后将计算结果综合起来,统一合并得出结论的一种科学计算方法(Hagit Attiya,2008)。

最近,分布式测算项目已经被用于使用世界各地成千上万位志愿者的计算机的闲置计算能力,来解决复杂的数学问题如 GIMPS 搜索梅森素数的分布式网络计算和研究寻找最为安全的密码系统如 RC4 等。这些项目都很庞大,需要惊人的计算量。而分布式测算就是研究如何把一个需要非常巨大计算能力才能解决的问题分成许多小的部分,然后把这些部分分配给许多计算机进行处理,最后把这些计算结果综合起来得到最终的结果。随着科学的发展,分布式测算已成为一种廉价的、高效的、维护方便的计算方法。

森林生态服务评估是一项非常庞大、复杂的系统工程,很适合划分成多个均质化的生态测算单元开展评估(Niu et al.,2013)。通过第一次(2009 年)和第二次(2014 年)全国森林生态系统服务评估以及 2014、2015 和 2016 年《退耕还林工程生态效监测国家报告》以及许多省级、市级和自然保护区级尺度的评估已经证实,分布式测算方法能够保证评估结果的准确性及可靠性。因此,分布式测算方法是目前评估辽宁省森林生态服务所采用的较为科学有效的方法。

辽宁省森林生态系统服务评估分布式测算方法为:①按照辽宁省地级市区域划分为 14 个一级测算单元;②每个一级测算单元按照优势树种组划分成 13 个二级测算单元,只有盘锦市划分为 6 个二级测算单元;③每个二级测算单元再按照起源分为天然林和人工林 2 个三级测算单元;④每个三级测算单元按照林龄组划分为幼龄林、中龄林、近熟林、成熟林、过熟林 5 个四级测算单元。最后,结合不同立地条件的对比观测,确定 1750 个相对均质化的生态效益评估单元(图 1-3)。

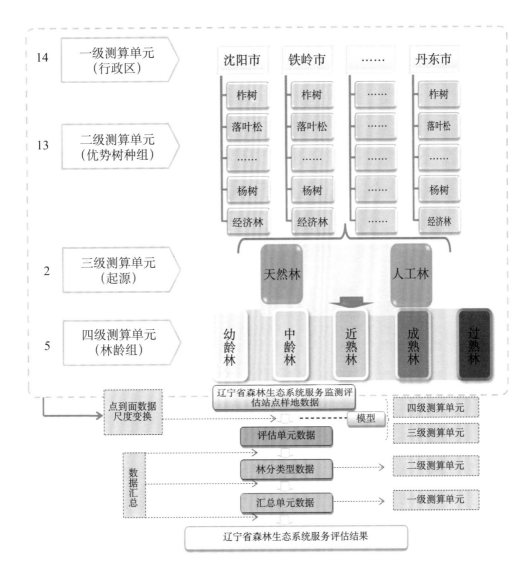

**图 1-3 辽宁省森林生态系统服务评估分布式测算方法**

## 二、监测评估指标体系

森林生态系统是地球陆地生态系统的主体，其生态系统服务体现于生态系统和生态过程所形成的有利于人类生存与发展的生态环境条件与效用。如何真实地反映森林生态系统服务的效果，监测评估指标体系的建立非常重要。

依据中华人民共和国林业行业标准《森林生态系统服务功能评估规范》（LY/T 1721—2008），结合辽宁省森林生态系统实际情况，在满足代表性、全面性、简明性、可操作性以及适用性等原则的基础上，通过总结近年的工作及研究经验，本次评估选取的监测评估指标体系主要包括涵养水源、保育土壤、固碳释氧、林木积累营养物质、净化大气环境、森林防护、生物多样性保护和森林游憩等 8 项功能 23 个指标（图 1-4）。其中，降低噪音等指标的测算方法尚未成熟，因此，本报告未涉及此项功能评估。基于相同原因，在吸收污染物指标中不涉及吸收重金属的功能评估。

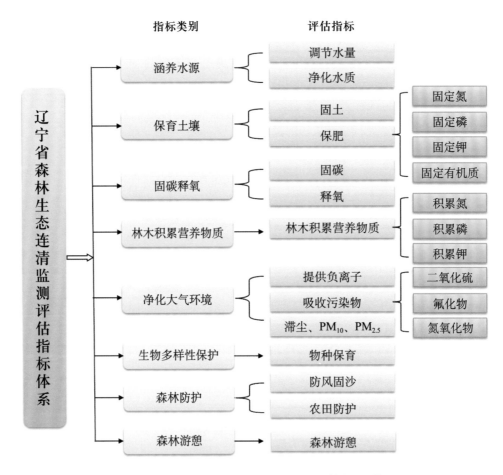

**图1-4 辽宁省森林生态连清监测评估指标体系**

### 三、数据来源与集成

辽宁省森林生态系统服务评估分为物质量和价值量两大部分。物质量评估所需数据来源于辽宁省森林生态连清数据集、辽宁省生态公益林数据集和2006～2014年辽宁省森林资源二类调查数据集；价值量评估所需数据除以上两个来源外，还包括社会公共数据集（图1-5）。

主要的数据来源包括以下三部分：

1. 辽宁省森林生态连清数据集

辽宁省森林生态连清数据主要来源于辽宁省及周边省份的10个森林生态站以及辅助观测点的监测结果。其中，森林生态站以国家林业和草原局森林生态站为主体，还包括有退耕还林工程生态效益核心监测点、一类资源清查的监测站点和长期定位实验点等。共建立了1万多块植物监测固定样地。同时，依据中华人民共和国林业行业标准《森林生态系统服务功能评估规范》（LY/T 1721—2008）和《森林生态系统长期定位观测方法》（GB/T 33027—2016）等获取辽宁省森林生态连清数据。

2. 辽宁省生态公益林数据集

由辽宁省生态公益林管理中心提供的辽宁省生态公益林资源数据以及已发布的辽宁省森林资源数据集。

3. 社会公共数据集

社会公共数据来源于我国权威机构所公布的社会公共数据，包括《中国水利年鉴》、《中华人民共和国水利部水利建筑工程预算定额》、中国农业信息网（http://www.agri.gov.cn/）、中华人民共和国卫生健康委员会网站（http://www.nhfpc.gov.cn/）、中华人民共和国国家发展和改革委员会第四部委 2003 年第 31 号令《排污费征收标准及计算方法》、辽宁省物价局（http://www.Inprice.gov.cn/）等（附表 4）。

将上述三类数据源有机地耦合集成，应用于一系列的评估公式中，最终可以获得辽宁省森林生态系统服务功能评估结果。

图 1-5　数据来源与集成

#### 四、森林生态功能修正系数

在野外数据观测中，研究人员仅能够得到观测站点附近的实测生态数据，对于无法实地观测到的数据，则需要一种方法对已经获得的参数进行修正，因此引入了森林生态功能修正系数（Forest Ecological Function Correction Coefficient，简称 FEF-CC）。FEF-CC 指评估林分生物量和实测林分生物量的比值，它反映森林生态服务评估区域森林的生态质量状况，还可以通过森林生态功能的变化修正森林生态服务的变化。

森林生态系统服务价值的合理测算对绿色国民经济核算具有重要意义，社会进步程度、经济发展水平、森林资源质量等对森林生态系统服务均会产生一定影响，而森林自身结构和功能状况则是体现森林生态系统服务可持续发展的基本前提。"修正"作为一种状态，表明系统各要素之间具有相对"融洽"的关系。当用现有的野外实测值不能代表同一生态单元同一目标优势树种组的结构或功能时，就需要采用森林生态功能修正系数客观地从生态学精度的角度反映同一优势树种组在同一区域的真实差异。其理论公式为：

$$FEF\text{-}CC = \frac{B_e}{B_o} = \frac{BEF \cdot V}{B_o} \tag{1-1}$$

式中：$FEF\text{-}CC$——森林生态功能修正系数；

$B_e$——评估林分的生物量（千克／立方米）；

$B_o$——实测林分的生物量（千克／立方米）；

$BEF$——蓄积量与生物量的转换因子；

$V$——评估林分的蓄积量（立方米）。

实测林分的生物量可以通过森林生态连清的实测手段来获取，而评估林分的生物量在辽宁省森林资源清查中还没有完全统计。因此，通过评估林分蓄积量和生物量转换因子（附表3），测算评估林分的生物量。

#### 五、贴现率

辽宁省森林生态系统服务全指标体系连续观测与清查体系价值量评估中，由物质量转价值量时，部分价格参数并非评估年价格参数，因此，需要使用贴现率将非评估年份价格参数换算为评估年份价格参数以计算各项功能价值量的现价。

辽宁省森林生态服务全指标体系连续观测与清查体系价值量评估中所使用的贴现率指将未来现金收益折合成现在收益的比率。贴现率是一种存贷款均衡利率，利率的大小，主要根据金融市场利率来决定，其计算公式为：

$$t = (D_r + L_r) / 2 \tag{1-2}$$

式中：$t$——存贷款均衡利率（%）；

$D_r$——银行的平均存款利率（%）；

$L_r$——银行的平均贷款利率（%）。

贴现率利用存贷款均衡利率，将非评估年份价格参数，逐渐贴现至评估年的价格参数。贴现率的计算公式为：

$$d = (1 + t_{n+1})(1 + t_{n+2}) \cdots (1 + t_m) \tag{1-3}$$

式中：$d$——贴现率；

$t$——存贷款均衡利率（%）；

$n$——价格参数可获得年份（年）；

$m$——评估年份（年）。

### 六、核算公式与模型包

#### （一）涵养水源功能

森林涵养水源功能主要是指森林对降水的截留、吸收和贮存，将地表水转为地表径流或地下水的作用（图1-6）。主要功能表现在增加可利用水资源、净化水质和调节径流三个方面。本研究选定调节水量和净化水质2个指标反映森林的涵养水源功能。

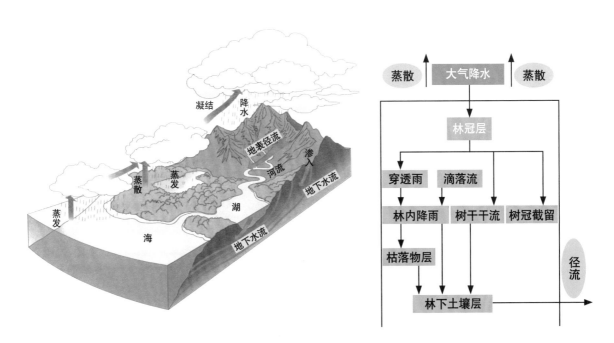

图1-6　全球水循环及森林对降水的再分配示意

1. 调节水量指标

（1）年调节水量。林分年调节水量公式为：

$$G_{调} = 10A \cdot (P - E - C) \cdot F \qquad (1\text{-}4)$$

式中：$G_{调}$——实测林分年调节水量（立方米/年）；

$P$——实测林外降水量（毫米/年）；

$E$——实测林分蒸散量（毫米/年）；

$C$——实测地表快速径流量（毫米/年）；

$A$——林分面积（公顷）；

$F$——森林生态功能修正系数。

（2）年调节水量价值。森林生态系统年调节水量价值根据水库工程的蓄水成本（替代工程法）来确定，采用如下公式计算：

$$U_{调} = 10C_{库} \cdot A \cdot (P - E - C) \cdot F \cdot d \qquad (1\text{-}5)$$

式中：$U_{调}$——实测森林年调节水量价值（元/年）；

$C_{库}$——水库库容造价（元/立方米，见附表4）；

$P$——实测林外降水量（毫米/年）；

$E$——实测林分蒸散量（毫米/年）；

$C$——实测地表快速径流量（毫米/年）；

$A$——林分面积（公顷）；

$F$——森林生态功能修正系数；

$d$——贴现率。

2. 年净化水质指标

（1）年净化水量。森林生态系统年净化水量采用年调节水量的公式：

$$G_{净} = 10A \cdot (P - E - C) \cdot F \qquad (1\text{-}6)$$

式中：$G_{净}$——实测林分年调节水量（立方米/年）；

$P$——实测林外降水量（毫米/年）；

$E$——实测林分蒸散量（毫米/年）；

$C$——实测地表快速径流量（毫米/年）；

$A$——林分面积（公顷）；

$F$——森林生态功能修正系数。

（2）净化水质价值。森林生态系统年净化水质价值根据净化水质工程的成本（替代工程法）计算，采用如下公式计算：

$$U_{水质} = 10 K_水 \cdot A \cdot (P - E - C) \cdot F \cdot d \tag{1-7}$$

式中：$U_{水质}$——实测林分净化水质价值（元／年）；

$K_水$——水的净化费用（元／立方米，见附表4）；

$P$——实测林外降水量（毫米／年）；

$E$——实测林分蒸散量（毫米／年）；

$C$——实测地表快速径流量（毫米／年）；

$A$——林分面积（公顷）；

$F$——森林生态功能修正系数；

$d$——贴现率。

（二）保育土壤功能

森林凭借庞大的树冠、深厚的枯枝落叶层及强壮且成网络的根系截留大气降水，减少或免遭雨滴对土壤表层的直接冲击，有效地固持土体，降低了地表径流对土壤的冲蚀，使土壤流失量大大降低。而且森林的生长发育及其代谢产物不断对土壤产生物理及化学影响，参与土体内部的能量转换与物质循环，使土壤肥力提高，森林是土壤养分的主要来源之一（图1-7）。为此，本次核算选用2个指标，即固土指标和保肥指标，以反映森林保育土壤功能。

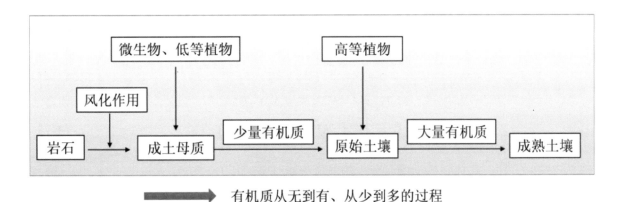

图 1-7　植被对土壤形成的作用

1.固土指标

（1）年固土量。林分年固土量公式为：

$$G_{固土} = A \cdot (X_2 - X_1) \cdot F \tag{1-8}$$

式中：$G_{固土}$——实测林分年固土量（吨／年）；

$X_1$——有林地土壤侵蚀模数 [ 吨/(公顷·年)]；

$X_2$——无林地土壤侵蚀模数 [ 吨/(公顷·年)]；

$A$——林分面积（公顷）；

$F$——森林生态功能修正系数。

（2）年固土价值。由于土壤侵蚀流失的泥沙淤积于水库中，减少了水库蓄积水的体积，根据蓄水成本（替代工程法）计算林分年固土价值，公式为：

$$U_{固土} = A \cdot C_{土} \cdot (X_2 - X_1) \cdot F \cdot d / \rho \tag{1-9}$$

式中：$U_{固土}$——实测林分年固土价值（元／年）；

$X_1$——有林地土壤侵蚀模数 [ 吨/(公顷·年)]；

$X_2$——无林地土壤侵蚀模 [ 吨/(公顷·年)]；

$C_{土}$——挖取和运输单位体积土方所需费用（元／立方米，见附表1）；

$\rho$——土壤容重（克／立方厘米）；

$A$——林分面积（公顷）；

$F$——森林生态功能修正系数；

$d$——贴现率。

2. 保肥指标

（1）年保肥量。林分年保肥量公式为：

$$G_N = A \cdot N \cdot (X_2 - X_1) \cdot F \tag{1-10}$$

$$G_P = A \cdot P \cdot (X_2 - X_1) \cdot F \tag{1-11}$$

$$G_K = A \cdot K \cdot (X_2 - X_1) \cdot F \tag{1-12}$$

$$G_{有机质} = A \cdot M \cdot (X_2 - X_1) \cdot F \tag{1-13}$$

式中：$G_N$——森林固持土壤而减少的氮流失量（吨／年）；

$G_P$——森林固持土壤而减少的磷流失量（吨／年）；

$G_K$——森林固持土壤而减少的钾流失量（吨／年）；

$G_{有机质}$——森林固持土壤而减少的有机质流失量（吨／年）；

$X_1$——有林地土壤侵蚀模数 [ 吨/(公顷·年)]；

$X_2$——无林地土壤侵蚀模数 [ 吨/(公顷·年)]；

$N$——森林土壤含氮量（%）；

$P$——森林土壤含磷量（%）；

$K$——森林土壤含钾量（%）；

$M$——森林土壤有机质含量（%）；

$A$——林分面积（公顷）；

$F$——森林生态功能修正系数。

（2）年保肥价值。年固土量中氮、磷、钾的数量换算成化肥即为林分年保肥价值。林分年保肥价值以固土量中的氮、磷、钾数量折合成磷酸二铵和氯化钾化肥的价值来体现。公式为：

$$U_{肥}=A \cdot (X_2-X_1) \cdot \left( \frac{N \cdot C_1}{R_1} + \frac{P \cdot C_1}{R_2} + \frac{K \cdot C_2}{R_3} + M \cdot C_3 \right) \cdot F \cdot d \qquad (1\text{-}14)$$

式中：$U_{肥}$——实测林分年保肥价值（元／年）；

$X_1$——有林地土壤侵蚀模数 [ 吨/( 公顷·年 )]；

$X_2$——无林地土壤侵蚀模数 [ 吨/( 公顷·年 )]；

$N$——森林土壤平均含氮量（%）；

$P$——森林土壤平均含磷量（%）；

$K$——森林土壤平均含钾量（%）；

$M$——森林土壤平均有机质含量（%）；

$R_1$——磷酸二铵化肥含氮量（%）；

$R_2$——磷酸二铵化肥含磷量（%）；

$R_3$——氯化钾化肥含钾量（%）；

$C_1$——磷酸二铵化肥价格（元／吨，见附表4）；

$C_2$——氯化钾化肥价格（元／吨，见附表4）；

$C_3$——有机质价格（元／吨，见附表4）；

$A$——林分面积（公顷）；

$F$——森林生态功能修正系数；

$d$——贴现率。

### （三）固碳释氧功能

森林与大气的物质交换主要是二氧化碳与氧气的交换，即森林固定并减少大气中的二氧化碳和释放并增加大气中的氧气（图1-8），这对维持大气中的二氧化碳和氧气动态平衡、减少温室效应以及为人类提供生存的基础都有巨大和不可替代的作用。为此本研究选用固碳、释氧2个指标反映森林固碳释氧功能。根据光合作用化学反应式，森林植被每积累1.00克干物质，可以吸收（固定）1.63克二氧化碳，释放1.19克氧气。

**图 1-8    森林生态系统固碳释氧作用**

1. 固碳指标

（1）植被和土壤年固碳量。植被和土壤年固碳量计算公式：

$$G_{碳} = A \cdot (1.63 R_{碳} \cdot B_{年} + F_{土壤碳}) \cdot F \tag{1-15}$$

式中：$G_{碳}$——实测年固碳量（吨／年）；

　　　$B_{年}$——实测林分年净生产力 [ 吨/( 公顷·年 )]；

　　　$F_{土壤碳}$——单位面积林分土壤年固碳量 [ 吨/( 公顷·年 )]；

　　　$R_{碳}$——二氧化碳中碳的含量，为 27.27%；

　　　$A$——林分面积（公顷）；

　　　$F$——森林生态功能修正系数。

公式计算得出森林的潜在年固碳量，再从其中减去由于森林采伐造成的生物量移出从而损失的碳量，即为森林的实际年固碳量。

（2）年固碳价值。森林植被和土壤年固碳价值的计算公式为：

$$U_{碳} = A \cdot C_{碳} \cdot (1.63 R_{碳} \cdot B_{年} + F_{土壤碳}) \cdot F \cdot d \tag{1-16}$$

式中：$U_{碳}$——实测林分年固碳价值（元／年）；

　　　$B_{年}$——实测林分年净生产力 [ 吨/( 公顷·年 )]；

　　　$F_{土壤碳}$——单位面积森林土壤年固碳量 [ 吨/( 公顷·年 )]；

　　　$C_{碳}$——固碳价格（元／吨，见附表 4）；

　　　$R_{碳}$——二氧化碳中碳的含量，为 27.27%；

　　　$A$——林分面积（公顷）；

　　　$F$——森林生态功能修正系数；

　　　$d$——贴现率。

公式得出森林的潜在年固碳价值，再从其中减去由于森林年采伐消耗量造成的碳损失价值，即为森林的实际年固碳价值。

2. 释氧指标

（1）年释氧量。林分年释氧量计算公式：

$$G_{氧气} = 1.19 A \cdot B_{年} \cdot F \qquad\qquad (1\text{-}17)$$

式中：$G_{氧气}$——实测林分年释氧量（吨／年）；

$\quad\quad B_{年}$——实测林分年净生产力[吨/(公顷·年)]；

$\quad\quad A$——林分面积（公顷）；

$\quad\quad F$——森林生态功能修正系数。

（2）年释氧价值。林分年释氧价值采用以下公式计算：

$$U_{氧} = 1.19 C_{氧} \cdot A \cdot B_{年} \cdot F \cdot d \qquad\qquad (1\text{-}18)$$

式中：$U_{氧}$——实测林分年释氧价值（元／年）；

$\quad\quad B_{年}$——实测林分年净生产力[吨/(公顷·年)]；

$\quad\quad C_{氧}$——制造氧气的价格（元／吨，见附表4）；

$\quad\quad A$——林分面积（公顷）；

$\quad\quad F$——森林生态功能修正系数；

$\quad\quad d$——贴现率。

### （四）林木积累营养物质

森林在生长过程中不断从周围环境吸收氮、磷、钾等营养物质，并储存在体内各器官，这些营养元素一部分通过生物地球化学循环以枯枝落叶形式返还土壤，一部分以树干淋洗和地表径流等形式流入江河湖泊，另一部分以林产品形式输出生态系统，再以不同形式释放到周围环境中。营养元素固定在植物体中，成为全球生物化学循环不可缺少的环节，为此选用林木营养元素积累指标反映林木积累营养物质功能。

1. 林木营养物质年积累量

林木年积累氮、磷、钾的计算公式：

$$G_{氮} = A \cdot N_{营养} \cdot B_{年} \cdot F \qquad\qquad (1\text{-}19)$$

$$G_{磷} = A \cdot P_{营养} \cdot B_{年} \cdot F \qquad\qquad (1\text{-}20)$$

$$G_{钾} = A \cdot K_{营养} \cdot B_{年} \cdot F \qquad\qquad (1\text{-}21)$$

式中：$G_{氮}$——植被固氮量（吨／年）；

$G_{磷}$——植被固磷量（吨／年）；

$G_{钾}$——植被固钾量（吨／年）；

$N_{营养}$——林木氮元素含量（%）；

$P_{营养}$——林木磷元素含量（%）；

$K_{营养}$——林木钾元素含量（%）；

$B_{年}$——实测林分年净生产力 [ 吨 /（公顷·年）]；

$A$——林分面积（公顷）；

$F$——森林生态功能修正系数。

### 2. 林木营养物质年积累价值

采取把营养物质折合成磷酸二铵化肥和氯化钾化肥方法计算林木营养元素积累价值，计算公式为：

$$U_{营养} = A \cdot B \cdot \left( \frac{N_{营养} \cdot C_1}{R_1} + \frac{P_{营养} \cdot C_1}{R_2} + \frac{K_{营养} \cdot C_2}{R_3} \right) \cdot F \cdot d \qquad (1\text{-}22)$$

式中：$U_{营养}$——实测林分氮、磷、钾年增加价值（元／年）；

　　　$N_{营养}$——实测林木含氮量（%）；

　　　$P_{营养}$——实测林木含磷量（%）；

　　　$K_{营养}$——实测林木含钾量（%）；

　　　$R_1$——磷酸二铵含氮量（%）；

　　　$R_2$——磷酸二铵含磷量（%）；

　　　$R_3$——氯化钾含钾量（%）；

　　　$C_1$——磷酸二铵化肥价格（元／吨，见附表 4）；

　　　$C_2$——氯化钾化肥价格 ( 元／吨，见附表 4)；

　　　$B$——实测林分净生产力 [ 吨 /（公顷·年）]；

　　　$A$——林分面积（公顷）；

　　　$F$——森林生态功能修正系数；

　　　$d$——贴现率。

### （五）净化大气环境功能

近年来雾霾天气的频繁、大范围出现，使空气质量状况成为民众和政府部门关注的焦点，大气颗粒物（如 $PM_{10}$，$PM_{2.5}$）被认为是造成雾霾天气的罪魁祸首出现在人们的视野中。如何控制大气污染、改善空气质量成为科学研究的热点问题。

森林能有效吸收有害气体和阻滞粉尘，能够起到净化大气的作用（图 1-9）。为此，本

树木吸收、转化大气污染物

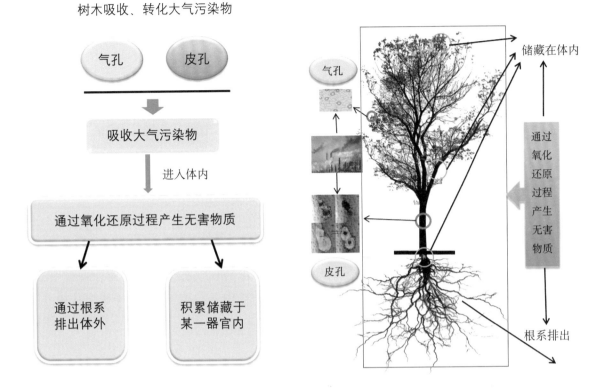

图 1-9　树木吸收空气污染物示意

研究选取提供负离子、吸收污染物和滞尘等指标反映森林净化大气环境能力，由于降低噪音指标计算方法尚不成熟，所以本研究中不涉及降低噪音指标。

1. 提供负离子指标

(1) 年提供负离子量。林分年提供负离子量计算公式：

$$G_{负离子} = 5.256 \times 10^{15} \cdot Q_{负离子} \cdot A \cdot H \cdot F / L \tag{1-23}$$

式中：$G_{负离子}$——实测林分年提供负离子个数（个 / 年）；

$\quad\quad Q_{负离子}$——实测林分负离子浓度（个 / 立方厘米）；

$\quad\quad H$——林分高度（米）；

$\quad\quad L$——负离子寿命（分钟）；

$\quad\quad A$——林分面积（公顷）；

$\quad\quad F$——森林生态功能修正系数。

(2) 年提供负离子价值。国内外研究证明，当空气中负离子达到 600 个 / 立方厘米以上时，才能有益于人体健康，所以林分年提供负离子价值采用如下公式计算：

$$U_{负离子} = 5.256 \times 10^{15} \cdot A \cdot H \cdot K_{负离子} \cdot (Q_{负离子} - 600) \cdot F \cdot d / L \tag{1-24}$$

式中：$U_{负离子}$——实测林分年提供负离子价值（元／年）；

$K_{负离子}$——负离子生产费用（元／个，见附表4）；

$Q_{负离子}$——实测林分负离子单位体积浓度（个／立方厘米）；

$L$——负离子寿命（分钟）；

$H$——林分高度（米）；

$A$——林分面积（公顷）；

$F$——森林生态功能修正系数；

$d$——贴现率。

### 2.吸收污染物指标

二氧化硫、氟化物和氮氧化物是大气污染物的主要物质（图1-10），因此，本研究选取森林吸收二氧化硫、氟化物和氮氧化物3个指标核算森林吸收污染物的能力。森林对二氧化硫、氟化物和氮氧化物的吸收，可使用面积－吸收能力法、阈值法、叶干质量估算法等。本报告采用面积－吸收能力法核算森林吸收污染物的总量。

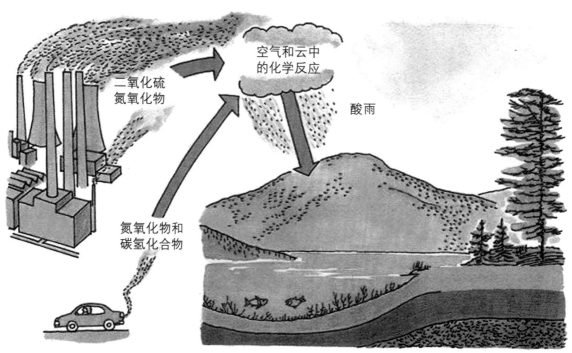

二氧化硫
氮氧化物

空气和云中
的化学反应

酸雨

氮氧化物和
碳氢化合物

**图1-10　污染气体的来源及危害**

（1）吸收二氧化硫。主要计算林分年吸收二氧化硫的物质量和价值量。

①林分年吸收二氧化硫量计算公式：

$$G_{二氧化硫} = Q_{二氧化硫} \cdot A \cdot F / 1000 \tag{1-25}$$

式中：$G_{二氧化硫}$——实测林分年吸收二氧化硫量（吨／年）；

$\quad\quad Q_{二氧化硫}$——单位面积实测林分年吸收二氧化硫量 [千克/（公顷·年）]；

$\quad\quad A$——林分面积（公顷）；

$\quad\quad F$——森林生态功能修正系数。

②林分年吸收二氧化硫价值计算公式如下：

$$U_{二氧化硫}=K_{二氧化硫}\cdot Q_{二氧化硫}\cdot A\cdot F\cdot d \tag{1-26}$$

式中：$U_{二氧化硫}$——实测林分年吸收二氧化硫价值（元／年）；

$\quad\quad K_{二氧化硫}$——二氧化硫的治理费用（元／千克）；

$\quad\quad Q_{二氧化硫}$——单位面积实测林分年吸收二氧化硫量 [千克/（公顷·年）]；

$\quad\quad A$——林分面积（公顷）；

$\quad\quad F$——森林生态功能修正系数；

$\quad\quad d$——贴现率。

（2）吸收氟化物。主要计算林分年吸收氟化物物质量和价值量。

①林分年吸收氟化物量计算公式：

$$G_{氟化物}=Q_{氟化物}\cdot A\cdot F/1000 \tag{1-27}$$

式中：$G_{氟化物}$——实测林分年吸收氟化物量（吨／年）；

$\quad\quad Q_{氟化物}$——单位面积实测林分年吸收氟化物量 [千克/（公顷·年）]；

$\quad\quad A$——林分面积（公顷）；

$\quad\quad F$——森林生态功能修正系数。

②林分年吸收氟化物价值计算公式如下：

$$U_{氟化物}=K_{氟化物}\cdot Q_{氟化物}\cdot A\cdot F\cdot d \tag{1-28}$$

式中：$U_{氟化物}$——实测林分年吸收氟化物价值（元／年）；

$\quad\quad K_{氟化物}$——氟化物治理费用（元／千克，见附表2）；

$\quad\quad Q_{氟化物}$——单位面积实测林分年吸收氟化物量 [千克/（公顷·年）]；

$\quad\quad A$——林分面积（公顷）；

$\quad\quad F$——森林生态功能修正系数；

$\quad\quad d$——贴现率。

（3）吸收氮氧化物。主要计算林分年吸收氮氧化物物质量和价值量。

①林分年吸收氮氧化物量计算公式：

$$G_{氮氧化物} = Q_{氮氧化物} \cdot A \cdot F / 1000 \tag{1-29}$$

式中：$G_{氮氧化物}$——实测林分年吸收氮氧化物量（吨／年）；

　　　$Q_{氮氧化物}$——单位面积实测林分年吸收氮氧化物量 [ 千克 /（公顷·年 )]；

　　　$A$——林分面积（公顷）；

　　　$F$——森林生态功能修正系数。

②年吸收氮氧化物价值计算公式如下：

$$U_{氮氧化物} = K_{氮氧化物} \cdot Q_{氮氧化物} \cdot A \cdot F \cdot d \tag{1-30}$$

式中：$U_{氮氧化物}$——实测林分年吸收氮氧化物价值（元／年）；

　　　$K_{氮氧化物}$——氮氧化物治理费用（元／千克，见附表4）；

　　　$Q_{氮氧化物}$——单位面积实测林分年吸收氮氧化物量 [ 千克 /（公顷·年 )]；

　　　$A$——林分面积（公顷）；

　　　$F$——森林生态功能修正系数；

　　　$d$——贴现率。

3. 滞尘指标

森林有阻挡、过滤和吸附粉尘的作用，可提高空气质量，因此滞尘功能是森林生态系统重要的服务功能之一。鉴于近年来人们对 $PM_{10}$ 和 $PM_{2.5}$（图 1-11）的关注，本研究在评估总滞尘量及其价值的基础上，将 $PM_{10}$ 和 $PM_{2.5}$ 从总滞尘量中分离出来进行了单独的物质量和价值量评估。由于本次计算只有 2014 年的参数值，因此，只是单独计算了 2014 年森林滞纳 $PM_{10}$ 和 $PM_{2.5}$ 的物质量和价值量。

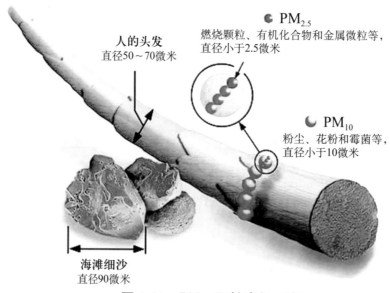

**图 1-11　$PM_{2.5}$ 颗粒直径示意**

（1）年总滞尘量。林分年滞尘量计算公式：

$$G_{滞尘} = Q_{滞尘} \cdot A \cdot F / 1000 \tag{1-31}$$

式中：$G_{滞尘}$——实测林分年滞尘量（吨／年）；

$\quad\quad Q_{滞尘}$——单位面积实测林分年滞尘量 [千克／(公顷·年)]；

$\quad\quad A$——林分面积（公顷）；

$\quad\quad F$——森林生态功能修正系数。

（2）年滞尘价值。本研究中，用健康危害损失法计算林分滞纳 $PM_{10}$ 和 $PM_{2.5}$ 的价值。其中 $PM_{10}$ 采用的是治疗因为空气颗粒物污染而引发的上呼吸道疾病的费用，$PM_{2.5}$ 采用的是治疗因为空气颗粒物污染而引发的下呼吸道疾病的费用。林分滞纳其余颗粒物的价值仍选用降尘清理费用计算。年滞尘价值计算公式如下：

$$U_{滞尘} = (Q_{滞尘} - Q_{PM_{10}} - Q_{PM_{2.5}}) \cdot A \cdot K_{滞尘} \cdot F \cdot d + U_{PM_{10}} + U_{PM_{2.5}} \tag{1-32}$$

式中：$U_{滞尘}$——实测林分年滞尘价值（元／年）；

$\quad\quad Q_{滞尘}$——单位面积实测林分年滞尘量 [千克／(公顷·年)]；

$\quad\quad Q_{PM_{10}}$——单位面积实测林分年滞纳 $PM_{10}$ 量 [千克／(公顷·年)]；

$\quad\quad Q_{PM_{2.5}}$——单位面积实测林分年滞纳 $PM_{2.5}$ 量 [千克／(公顷·年)]；

$\quad\quad U_{PM_{10}}$——实测林分年滞纳 $PM_{10}$ 的价值（元／年）；

$\quad\quad U_{PM_{2.5}}$——实测林分年滞纳 $PM_{2.5}$ 的价值（元／年）；

$\quad\quad K_{滞尘}$——降尘清理费用（元／千克，见附表4）；

$\quad\quad A$——林分面积（公顷）；

$\quad\quad F$——森林生态功能修正系统；

$\quad\quad d$——贴现率。

4. 滞纳 $PM_{2.5}$

（1）年滞纳 $PM_{2.5}$ 量。

$$G_{PM_{2.5}} = 10 \cdot Q_{PM_{2.5}} \cdot A \cdot n \cdot F \cdot LAI \tag{1-33}$$

式中：$G_{PM_{2.5}}$——实测林分年滞纳 $PM_{2.5}$ 的量（千克／年）；

$\quad\quad Q_{PM_{2.5}}$——实测林分单位面积滞纳 $PM_{2.5}$ 量（克／平方米）；

$\quad\quad A$——林分面积（公顷）；

$\quad\quad F$——森林生态功能修正系数；

$\quad\quad n$——年洗脱次数；

$\quad\quad LAI$——叶面积指数。

（2）年滞纳 $PM_{2.5}$ 价值。公式如下：

$$U_{PM_{2.5}} = C_{PM_{2.5}} \cdot G_{PM_{2.5}} \cdot d \qquad (1\text{-}34)$$

式中：$U_{PM_{2.5}}$——实测林分年滞纳 $PM_{2.5}$ 价值（元／年）；

$G_{PM_{2.5}}$——实测林分年滞纳 $PM_{2.5}$ 量（千克／年）；

$C_{PM_{2.5}}$——由 $PM_{2.5}$ 所造成的健康危害经济损失（元／千克）；

$d$——贴现率。

5. 滞纳 $PM_{10}$

（1）年滞纳 $PM_{10}$ 量。公式如下：

$$G_{PM_{10}} = 10 \cdot Q_{PM_{10}} \cdot A \cdot n \cdot F \cdot LAI \qquad (1\text{-}35)$$

式中：$G_{PM_{10}}$——实测林分年滞纳 $PM_{10}$ 的量（千克／年）；

$Q_{PM_{10}}$——实测林分单位叶面积滞纳 $PM_{10}$ 量（克／平方米）；

$A$——林分面积（公顷）；

$F$——森林生态功能修正系数；

$n$——年洗脱次数；

$LAI$——叶面积指数。

（2）年滞纳 $PM_{10}$ 价值。公式如下：

$$U_{PM_{10}} = 10 \cdot C_{PM_{10}} \cdot Q_{PM_{10}} \cdot A \cdot n \cdot F \cdot LAI \cdot d \qquad (1\text{-}36)$$

式中：$U_{PM_{10}}$——实测林分年滞纳 $PM_{10}$ 价值（元／年）；

$G_{PM_{10}}$——实测林分年滞纳 $PM_{10}$ 量（千克／年）；

$C_{PM_{10}}$——由 $PM_{10}$ 所造成的健康危害经济损失（元／千克）；

$d$——贴现率；

$A$——林分面积（公顷）；

$F$——森林生态功能修正系数；

$n$——年洗脱次数；

$LAI$——叶面积指数。

**（六）生物多样性保护价值**

生物多样性维护了自然界的生态平衡，并为人类的生存提供了良好的环境条件。生物多样性是生态系统不可缺少的组成部分，对生态系统服务的发挥具有十分重要的作用。Shannon-Wiener 指数是反映森林中物种的丰富度和分布均匀程度的经典指标。传统 Shannon-

Wiener 指数对生物多样性保护等级的界定不够全面。本次研究增加濒危指数、特有种指数以及古树年龄指数对生物多样性保育价值进行核算。

修正后的生物多样性保护功能核算公式如下：

$$U_{总} = (1+0.1 \sum_{m=1}^{x} E_m + 0.1 \sum_{n=1}^{y} B_n + 0.1 \sum_{r=1}^{z} O_r) S_1 \cdot A \cdot d \qquad (1-37)$$

式中：$U_{总}$——实测林分年生物多样性保护价值（元 / 年）；

$E_m$—实测林分或区域内物种 $m$ 的濒危指数（表 1-2）；

$B_n$—实测林分或区域内物种 $n$ 的特有种指数（表 1-3）；

$O_r$—实测林分或区域内物种 $r$ 的古树年龄指数（表 1-4）；

$x$—计算濒危指数物种数量；

$y$—计算特有种指数物种数量；

$z$—计算古树年龄指数物种数量；

$S_1$—单位面积物种多样性保护价值量 [元 /（公顷·年）]（附表 4）；

$A$—林分面积（公顷）；

$d$——贴现率。

表 1-2　物种濒危指数体系

| 濒危指数 | 濒危等级 | 物种种类 |
|---|---|---|
| 4 | 极危 | 参见《中国物种红色名录第一卷：红色名录》 |
| 3 | 濒危 | |
| 2 | 易危 | |
| 1 | 近危 | |

表 1-3　特有种指数体系

| 特有种指数 | 分布范围 |
|---|---|
| 4 | 仅限于范围不大的山峰或特殊的自然地理环境下分布 |
| 3 | 仅限于某些较大的自然地理环境下分布的类群，如仅分布于较大的海岛（岛屿）、高原、若干个山脉等 |
| 2 | 仅限于某个大陆分布的分类群 |
| 1 | 至少在2个大陆都有分布的分类群 |
| 0 | 世界广布的分类群 |

注：参见《植物特有现象的量化》（苏志尧，1999）。

**表 1-4　古树年龄指数体系**

| 古树年龄 | 指数等级 | 来源及依据 |
|---|---|---|
| 100~299年 | 1 | 参见全国绿化委员会、国家林业局文件《关于开展古树名木普查建档工作的通知》 |
| 300~499年 | 2 | |
| ≥500年 | 3 | |

本研究根据 Shannon-Wiener 指数 (2008 年) 计算生物多样性保护价值，共划分 7 个等级，即：

当指数 <1 时，$S_1$ 为 3000[元/(公顷·年)]；

当 1≤指数< 2 时，$S_1$ 为 5000[元/(公顷·年)]；

当 2≤指数< 3 时，$S_1$ 为 10000[元/(公顷·年)]；

当 3≤指数< 4 时，$S_1$ 为 20000[元/(公顷·年)]；

当 4≤指数< 5 时，$S_1$ 为 30000[元/(公顷·年)]；

当 5≤指数< 6 时，$S_1$ 为 40000[元/(公顷·年)]；

当指数≥6 时，$S_1$ 为 50000[元/(公顷·年)]。

再通过价格折算系数将 2008 年价格折算至相应评估年份的现价。

### （七）森林防护功能

植被根系能够固定土壤，改善土壤结构，降低土壤的裸露程度；地上部分能够增加地表粗糙程度，降低风速，阻截风沙。地上地下的共同作用能够减弱风的强度和携沙能力，减少土壤流失和风沙的危害。

草方格沙障能够通过增大地表粗糙度，减缓风力、增加地表覆盖和截流水分，利用植被生长，起到固沙的目的。

防风固沙功能价值量计算公式：

$$U_{防风固沙} = A_{防风固沙} \cdot K_{防风固沙} \tag{1-38}$$

式中：$U_{防风固沙}$——森林防风固沙生态服务功能价值量（元）；

　　　$A_{防风固沙}$——实测防风固沙林面积（公顷）；

　　　$K_{防风固沙}$——人工铺设草方格价格（元/公顷，见附表4）。

农田防护功能的价值量计算公式：

$$U_{农田防护} = V \cdot M \cdot K \tag{1-39}$$

式中：$U_{农田防护}$——实测林分农田防护功能的价值量（元/年）；

　　　$V$——稻谷价格（元/千克，见附表4）；

$M$——农作物、牧草平均增产量（千克／年）；

$K$——平均 1 公顷农田防护林能够实现农田防护面积为 19 公顷。

## （八）森林游憩价值

森林游憩是指森林生态系统为人类提供休闲和娱乐场所所产生的价值，包括直接价值和间接价值，采用林业旅游与休闲产值替代法进行核算。本研究森林游憩价值（数据来源于辽宁省林业厅）包括直接收入即辽宁省各市森林旅游与休闲产值（主要包括森林公园、保护区、湿地公园等）和间接收入即辽宁省各地市森林旅游与休闲直接带动其他产业产值。因此，森林游憩功能的计算公式：

$$U_{游憩} = \sum (Y_i + Y_i') \tag{1-40}$$

式中：$U_{游憩}$——森林游憩功能的价值量（元／年）；

$Y_i$——各市森林公园的直接收入（元）；

$Y_i'$——各市森林公园的间接收入（元）；

$i$——辽宁省 $i$ 市。

## （九）辽宁省森林生态服务总价值评估

辽宁省森林生态服务总价值为上述各分项生态系统服务价值之和，计算公式为：

$$U_{总} = \sum_{i=1}^{18} U_i \tag{1-41}$$

式中：$U_I$——辽宁省森林生态系统服务年总价值（元／年）；

$U_i$——辽宁省森林生态系统服务各分项年价值（元／年）。

# 第二章

# 辽宁省森林资源
# 时空动态变化及驱动力分析

森林资源为重要的自然资源和林业生态建设的基础，担负着维持国民经济可持续发展、保障人民生活水平稳步提升和保护生态环境的重要使命。森林资源是林业生态建设的重要物质基础，增加森林资源以及保障其稳定持续的发展是林业工作的出发点和落脚点。森林资源消长变化的驱动因子很多，包括森林资源自身生长和枯损的自然规律、自然的破坏、人为经营活动或人为破坏。在受到这些因子的干扰时，森林资源的数量和质量始终处于变化中。对森林的管理是加强和保护森林资源，提高森林生态效益，促进生态安全的需要；是增强森林资源信息的动态管理、分析、评价和预测功能，提高宏观决策科学化的需要；是加快辽宁省林业现代化建设具有全局性、战略性的基础工作。定期开展调查，及时掌握辽宁省森林资源状况及其消长变化，对科学地经营、利用、保护和管理森林资源具有重要意义。

## 第一节　森林资源时间尺度变化

本章以辽宁省2006、2008、2010、2011和2014年5次森林资源调查数据为基础，研究森林资源的动态变化，客观反映辽宁省森林资源的变化状况。

### 一、森林资源数量变化

#### 1. 森林面积

在5次森林资源调查中，辽宁省森林面积呈现出逐渐增加的变化趋势（图2-1），并以2008～2010年增加量为最大。辽宁省森林面积增加的原因主要有以下几个方面：

(1)林业生态工程的造林活动。5次研究中，辽宁省造林总面积达到了169.04万公顷(表2-1)，其中2010和2011年造林面积最大，呈现2011年＞2010年＞2006年＞2014年＞2008年的变化趋势。辽宁省森林面积增加，一方面是人们越来越注意到森林的重要性，加大了

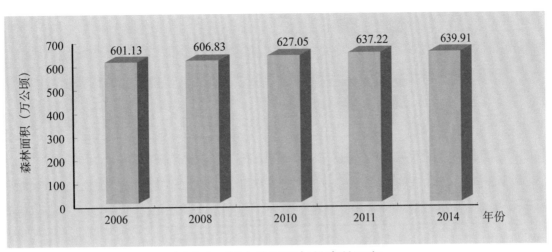

图2-1  辽宁省不同年份森林面积

森林的保护力度和造林的投资力度；另一方面是辽宁省启动了诸多国家级和省级林业生态工程。

表2-1  辽宁省不同年份造林面积（万公顷）

| 年份 | 2006 | 2008 | 2010 | 2011 | 2014 |
| --- | --- | --- | --- | --- | --- |
| 造林面积 | 24.21 | 20.00 | 50.33 | 52.20 | 22.30 |
| 比例（%） | 14.32 | 11.83 | 29.77 | 30.89 | 13.19 |

① 退耕还林工程：退耕还林工程是辽宁省最大的林业生态工程之一，自工程实施以来，经历了2001年的试点阶段，2002和2003年的大规模推广阶段，2004年的结构性、适应性调整阶段，2006年的稳步推进、巩固成果等阶段。工程区域由试点阶段的3市4县，发展到14市65县，工程覆盖了辽宁省的833个乡（镇），7430个自然村。由图2-2可以看出，

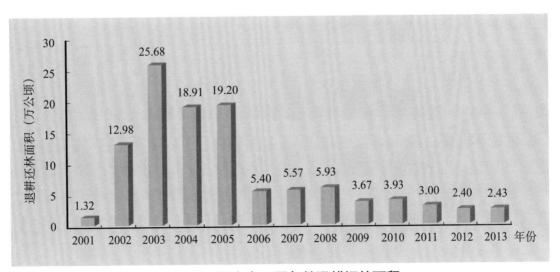

图2-2  辽宁省不同年份退耕还林面积

从 2001 年辽宁省实施退耕还林工程开始，到 2013 年，每年退耕还林面积都在 1 万公顷以上。退耕还林工程改善了辽宁省的生态环境，促进了森林资源面积的增长和蓄积量的增加。

②"三北"防护林工程：自辽宁省实施"三北"防护林工程以来，明显地改善了当地的生态环境，有效地拖住了科尔沁沙地南侵的步伐，控制了区域内水土流失发展的趋势，推动了农村产业结构的调整，提高了区域内农业综合生产能力，促进了区域农村经济发展。辽宁省"三北"防护林工程一期有 18 个县，二期 20 个县，三期 30 个县，四期 55 个县。第一期工程期间（1978～1985 年），8 年累计完成造林面积 42.3 公顷，森林覆盖率由 1977 年的 16.5% 提高到 1985 年的 22.6%。二期共完成造林任务 54.44 万公顷，其中人工造林面积为 49.14 万公顷，飞机播种造林 3.6 万公顷，封山育林面积为 1.7 万公顷。二期工程中，造林仍以防护林为主，其面积占整个造林面积的 49%，用材林占 22.5%，经济林占 17.1%，薪炭林占 11.2%，特种林占 0.2%。二期工程以防护林为核心，注重整体防护效益，同时适当兼顾区域经济效益。三期建设以"改善生态环境，发展生态经济型林业"为指导思想，在林种结构、树种结构方面进行了合理调整，营造了一定比例的混交林，使"三北"防护林体系综合防护效能进一步增强，工程区域内的生态系统更加稳定。在四期的建设中，除了大连市的 3 市 1 县外，全省的其他县市已全部进入三北工程的建设范围，各工程区累计完成造林面积 29.9 万公顷。据统计，四期工程已累计完成"三北"防护林工程造林 60.21 万公顷，其中人工造林 33.91 万公顷，封山（沙）育林 24.7 万公顷，飞播造林 1.6 万公顷。辽宁省"三北"防护林工程建设坚持走生态建设、生态安全、生态文明为主的的可持续发展道路，建立以防沙治沙林、水土保持林为主体的"三北"防护林体系，并逐步承担起建设山川秀美辽宁的重大任务。"三北"防护林工程在改善辽宁省生态环境的同时，也使得其森林面积增加，蓄积量增长，质量提升。

③青山工程：从《辽宁省人民政府关于青山工程的实施意见》（辽政发〔2011〕30 号）和《辽宁省青山保护条例》（2012 年 7 月 27 日由辽宁省第十一届人民代表大会常务委员会第三十一次会议审议通过）可知，2011 年辽宁省委、省政府提出实施青山工程，禁止破坏山体、乱采滥伐等行为，并对矿山及其他已破坏山体进行生态修复与治理。2012 年辽宁省青山工程共投资 51.3 亿元，完成治理面积 8.4 万公顷，其中矿山生态治理完成 0.43 万公顷，"小开荒"还林和坡地造林绿化工程分别完成 10.03 万公顷、6.87 万公顷，围栏封育工程完成围栏里程 548 千米。2013 年青山工程完成生态治理 38 万公顷，投资 37.72 亿元。清理"小开荒"5.03 万公顷，完成造林 4.79 万公顷，超坡地还林完成 6.07 万公顷，围栏封育完成围栏里程 15661.3 千米，关闭坑矿生态治理面积 0.15 万公顷，生产矿生态治理完成面积 1.3 万亩[1]，公路建设破损山体生态治理面积 0.2 万公顷等。2014 年，青山工程完成超坡地还林 2.6

---

1. 1 亩 ＝ 0.0667 公顷。

万公顷、完成围栏封育 3000 千米，实施闭坑矿生态治理项目 278 个。打赢青山治理攻坚战，把碧水青山留给子孙后代是青山工程的出发点。青山工程是辽宁环境治理工作的重要组成部分，不仅是生态环境工程，也是一项重要的民生工程，事关美丽辽宁的建设，事关百姓生活环境的改善，事关更好投资环境的打造。青山工程的实施，大片的青山得到绿化，促进了辽宁省森林面积的增加。

④"两退一围"工程：在"两屏三带多点"的国土生态安全战略框架下，辽宁省委、省政府从生态立省、建设美丽辽宁的战略高度出发，全面部署了以"两退一围"为重点的青山工程攻坚战役。"两退一围"中"两退"是指清退"小开荒"工程和退坡还林工程，"一围"是指围栏封育工程。截至 2013 年年底，全省累计清退"小开荒" 15 万公顷，还林 14.8 万公顷，完成超坡地还林面积 17.5 万公顷，围封控制面积 27.4 万公顷。"两退一围"工程中，省、市、县 3 级财政投入补助资金 40.77 亿元，仅超坡地还林一项，就直接惠及农户 34.6 万户、160多万人。在工程实施过程中，大力发展了苹果、梨、板栗、刺龙牙、榛子、大枣、大扁杏等经济林 23.2 万公顷，超坡地还林平均收入是退耕前的 4.8 倍，成为农村经济新的增长点。"两退一围"是一项生态工程，也是惠民工程、富民工程，工程的实施，增加了辽宁省森林面积。

⑤ 碧水工程："20 世纪 50 年代淘米做饭，60 年代洗衣灌溉，70 年代水质变坏，80 年代鱼虾绝代"，20 世纪末，因工农业及生活污水排放等问题一直得不到解决，辽宁人民的"母亲河"辽河一度在全国重点江河中戴上了重度污染的"帽子"。围绕保护和改善全省河流、饮用水水源、湖库、近岸海域等水体环境，辽宁省全面实施了碧水工程。到 2014 年 7 月，辽宁省集中饮用水水源地的水质均已达标，辽河流域干、支流水质稳定达到"摘帽"标准，大伙房水库、桓仁水库、卧龙湖等湖库水生态环境显著改善，全省近岸海域环境功能区达标率 90% 以上。在辽河治理过程中，干流两侧约 2000 平方千米区域划定为辽河自然保护区，进行生态修复治理，开展植树造林等措施，河流两岸的植被发挥着保持水土、净化环境、绿化两岸的作用，同时也增加了森林的面积，促进辽宁省林业的发展。

⑥ 城镇绿化措施：辽宁省积极开展城市森林绿化工作，秉承"让森林走进城市，让城市拥抱森林"的理念，增加城市公园数量，造林增绿，基本形成类型丰富、特色鲜明的城市森林发展格局，为人民群众的休闲、健康锻炼提供更多的场所。通过城镇绿化能够有效地增加城市的森林面积，使城市适宜绿化的地方都绿起来。

（2）森林经营管理措施。森林经营措施是指为获得林木和其他林产品或森林生态效益而进行的营林活动，包括更新造林、森林抚育、护林防火、林木病虫害防治、伐区管理等，对森林资源产生一定的影响（邱仁辉等，2000）。正是基于辽宁省较好的经营管理措施，森林资源得到较好的管护，森林资源面积只增不减，从而使得辽宁省森林面积持续增加（表 2-2）。

表2-2　辽宁省采取的森林管理措施

| 年份 | 具体措施 |
| --- | --- |
| 2006 | 启动并实施了"十一五"森林采伐限额规划，制定了《辽宁省森林及林木采伐若干规定》；完善了森林采伐利用管理政策，加强林权管理，推进了登记发证工作；建立和完善了公益林和天然林管理制度，进一步加强了管理和保护 |
| 2008 | 加大了森林防火工作力度，深入贯彻《森林防火条例》，强化责任，落实措施，提高了防扑火的能力，全省森林火灾受灾率仅为0.046‰，低于国家1‰的控制指标；加大了有害生物的防治力度，防治面积59.6万公顷，无公害防治率92.3%，比国家确定的80%的指标高出12.3个百分点；进一步规范了野生动植物保护管理工作，西丰县被中国野生动物保护协会授予首家"中国鹿乡"称号 |
| 2010 | 加强森林采伐、资源监测、木材流通、征占林地审核审批和林权管理；完成了"十二五"征占林地、采伐限额等规划编制及申报工作，组织编制了林地保护利用规划；森林火灾发生率明显下降，全省森林火灾数量同比下降63.7%；林业有害生物防治效果较好，监测覆盖率和种苗产地检疫率均达到98%以上，无公害防治率达到88%，林业有害生物成灾率低于0.36‰ |
| 2011 | 完成了"十二五"森林采伐限额和年度采伐计划的分解落实工作；加大了森林采伐监管力度，节余采伐限额160万立方米，森林采伐改革试点工作取得成效并在全省推广；加大森林防火和森林病虫害防治力度，有害生物成灾率控制在3‰以下；出台了"十二五"期间天然林保护的优惠扶持政策；首次编制了全省林地保护利用规划 |
| 2014 | 辽宁省政府批复了《辽宁省林地保护利用规划(2010～2020年)》，划定全省林地红线716.7万公顷。全省林业有害生物防治防控效果明显，有害生物发生面积66.0万公顷，防治作业面积67.5万公顷，成灾率0.19‰，远低于3‰的规定指标 |

（3）林业投资措施。社会、经济等因素亦会对森林资源的变化产生影响，人口数量及人口密度、经济发展水平和社会对林业投资力度是制约森林资源消长的重要因子（李双成等，2000）。有研究表明农民人均家庭纯收入对有林地面积和活立木蓄积量都具有显著的正向影响，这是因为农民收入水平的提高，会减少农民的生存压力，从而减少了毁林开荒的可能性以及对森林资源的过度依赖，这在很大程度上缓解了森林资源的压力（甄江红等，2006）。林业投资能够保证森林措施的顺利实施，保障林农的基本权益，是林区建设的有力后盾和保障（表2-3）。

表2-3　辽宁省林业投资状况

| 年份 | 林业投资 |
| --- | --- |
| 2006 | 争取省以上林业建设资金达到11.5亿元，保障和支撑了林业建设任务的全面完成；新增国家重点生态公益林补偿面积41.15万公顷，增加资金3086万元，使全省181.15万公顷国家重点公益林全部得到了补偿；省级地方公益林补偿标准由过去的每年每公顷45元，提高到52.5元，年补偿资金增加到2132万元 |
| 2008 | 全省用于林业的投入超过30亿元；争取国家和省级投资17.79亿元，其中，争取国家投资12.9亿元，争取省级投资4.89亿元；进一步加大育林基金和植被恢复费的征缴力度，全年共征收2.08亿元，有力地支持林业的各项建设 |
| 2010 | 争取省级以上投资首次突破20亿元，达到24亿元，全社会投入造林绿化的资金超过166亿元 |

| 年份 | 林业投资 |
|---|---|
| 2011 | 林业建设资金25.3亿元，征缴育林基金省级分成达到2184万元，收缴森林植被恢复费1.7亿元 |
| 2014 | 省政府确定的一项重大的千万亩经济林民生工程，在全省发展名特优新经济林工程建设面积63.7万公顷 |

### 2. 森林蓄积量

从2006、2008、2010、2011和2014年辽宁省森林资源调查的结果可知，森林蓄积量呈现出逐渐增加的变化趋势，并以2006～2008年的增加量和增长率最大（图2-3）。辽宁省各项林业生态工程的实施，在增大了森林面积的同时，也提升了森林蓄积量。正是由于辽宁省林业生态工程和造林措施的实施，使得全省森林面积增加的同时，森林蓄积量也连续增长（表2-4）。

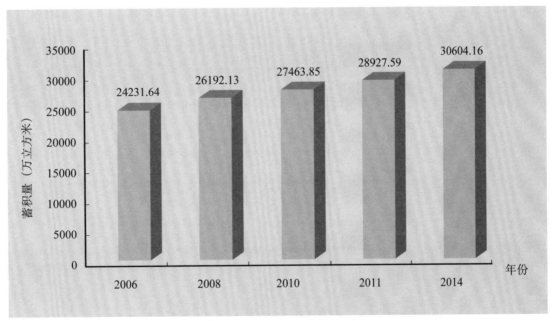

图2-3　辽宁省不同年份森林蓄积量

表2-4　不同年份辽宁省林业生态工程的实施情况

| 年份 | 林业生态工程 |
|---|---|
| 2006 | 完成人工造林24.21万公顷，飞播造林2.93万公顷，封山育林20.4万公顷；退耕还林5.33万公顷，"三北"防护林建设2.13万公顷；在全国率先启动了"十一五"沿海防护林体系建设工程，建设范围扩大到7市28个县(市、区)，完成造林2.53万公顷；启动实施了辽宁西北科尔沁沙地林业生态工程，建设区为7市21个县(市、区) |

(续)

| 年份 | 林业生态工程 |
|------|-------------|
| 2008 | 组织实施了辽宁西北边界防护林体系建设工程，该工程设计全长1044千米，宽约2千米，新增造林面积6.7万公顷；启动实施"五点一线"滨海大道绿化工程，工程新绿化里程786千米；推进百校千村绿化工程，启动实施村屯绿化3276个，校园绿化524所；启动实施了辽宁西北荒山绿化工程，用3年时间，完成辽宁西北44万公顷的荒山绿化任务 |
| 2010 | 全省完成造林绿化作业面积50.33万公顷，造林核实合格率达93.3%，平均成活率近90%；全省完成全民义务植树1.53亿株，是计划的1.7倍；辽西北边界防护林体系建设工程、沿海经济带绿化工程提前超额完成规划建设任务 |
| 2014 | 全省完成人工造林面积22.3万公顷，其中，经济林13.4万公顷、生态林8.9万公顷；完成封山育林10.4万公顷；森林抚育10万公顷；飞播造林0.3万公顷；全民义务植树9000余万株；重点围绕辽河、浑河、太子河等流域开展了"万村万树"村屯绿化 |

## 二、森林资源质量变化

森林单位面积蓄积量、单位面积生长量、森林健康状况等是衡量森林质量的重要指标，本研究以森林单位面积蓄积量指标来分析辽宁省森林资源质量变化。从图2-4可知，辽宁省森林单位面积蓄积量呈现出逐渐增加的变化趋势，表明森林质量在逐渐提升。辽宁省通过加强森林管护，加大森林资源培育，在森林面积和蓄积量增加的同时，森林的质量也在不断提高。通过补植、移植等手段，提高林木成活率和保存率，有效增加森林的后备资源；通过调整林业投资结构，组织开展森林抚育和低质低效林的改造，改变树种单一、生态功能低下、林地生产力不高的状况，提高林木单位面积蓄积量；通过引进科学的管理方法、管理理念，以质量为先导，实行全过程的质量管理，逐步实现森林资源管理科学化、规范化。

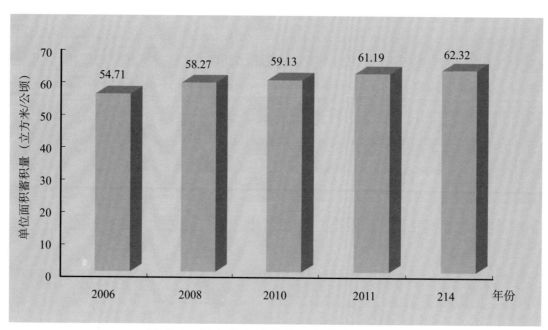

图2-4　辽宁省森林单位面积蓄积量变化

### 三、森林资源结构变化

#### 1. 主要优势树种（组）面积结构

辽宁省森林资源十分丰富，有各种植物 161 科 2200 余种（2014 年统计结果）。为了更好地分析不同树种组面积的变化情况，本研究选取柞树组（*Quercus mongolica*）、油松组（*Pinus tabuliformis* Carrière）、灌木林组（*Shrubs forest*）、落叶松组（*Larix gmelinii* (*Rupr.*) Kuzen.）、杨树组（*Populus* L.）、刺槐组（*Robinia pseudoacacia* L.）6 个典型树种组，探讨不同优势树种组不同年份的变化，为森林管理提供依据和参考。

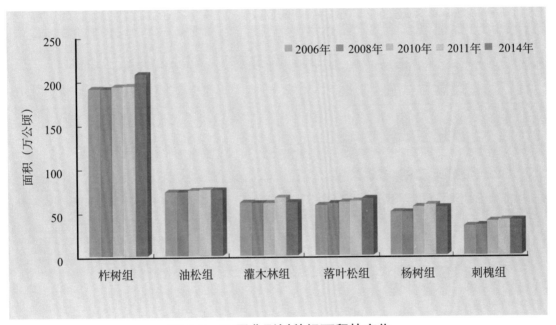

图 2-5　不同典型树种组面积的变化

（1）根据图 2-5 可以看出，柞树组面积总体呈现出增加的变化趋势。这主要是因为柞树适生性较强，在植被演替中具有一定的优势，能够在激烈的竞争中保存生长下来，分布范围广泛；加之柞树具有较好的涵养水源、防风固沙和保育土壤等功能，在林业生态工程建设中大量种植，从而使得柞树面积呈现出逐步增加的变化。

（2）油松组面积总体呈现出增加的变化趋势。油松作为我国特有树种，具有深根性，抗逆性，木材结构较细密，材质较硬，耐久用等特点，被广泛种植，再加上辽宁省实施的各类林业生态工程措施，从而使得油松林面积呈现增加的变化。

（3）灌木林组面积在 2011 年出现陡然增加的变化，这可能与辽宁所处的地理位置以及采取的工程措施有关。辽宁省地处科尔沁沙地南部，地理位置特殊，辽宁西北地区又是沙化比较严重的区域，比较适合灌木林的生长（李宁，2017）。2011 年，辽宁省朝阳市提前超额完成了 33.33 万公顷荒山绿化工程，辽宁西北边界防护林体系建设工程和沿海经济带绿化工程进一步拓宽。正是由于辽宁西北地区在造林中，结合当地的实际，种植了较多的灌木林，使得灌木林组面积在 2011 年出现陡然增加的变化。

（4）落叶松组呈现逐渐增加的变化趋势。落叶松是寒温带和温带的树种，成活率高、对气候的适应能力强、早期速生、成林快、适宜山地栽培和木材用途广泛，加之其经营成本低，获取经济效益早等特性，使得落叶松成为了短周期工业用材林基地的主要造林树种（李红艳，2013）。正是由于落叶松自身的特性，在历年造林中都会将落叶松作为造林树种之一，从而使得落叶松林的面积逐渐增加。

（5）杨树组面积呈现出先增加后减少的变化。杨树作为北方的速生树种，素有"北方杨树，南方杉木"的美称。正是由于杨树的速生丰产性以及广泛适生性使得杨树成为重要的用材林来源之一，被广泛种植，其面积呈现增加的变化；但随着对杨树木材需求的弱化，杨树面积又出现减少的变化，总体呈现出先增加后减少的变化趋势。

（6）刺槐组面积呈现出增加的变化趋势。刺槐作为速生树种，枝叶繁茂，林冠郁闭快，根系发达，水土保持功能和防风固沙作用较强，在林业生态建设中发挥着重要的作用，从而使得刺槐在辽宁省的林业生态工程中广泛种植，面积呈现增加的变化。

2. 主要优势树种（组）蓄积结构

不同典型树种组的蓄积量变化如图 2-6 所示。

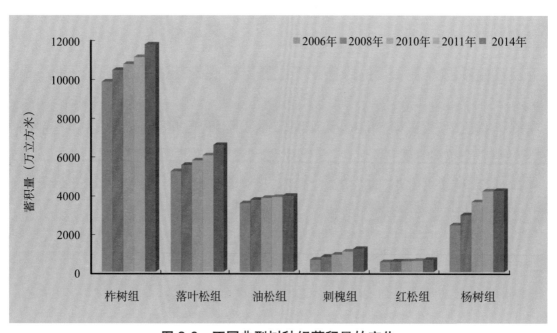

**图 2-6　不同典型树种组蓄积量的变化**

（1）柞树组蓄积量呈现增加的变化趋势。从 2006 年的 9784.66 万立方米增加到 2014 年 11693.86 万立方米，增加了 1909.20 万立方米，增长率为 19.51%。柞树在辽宁省分布广泛，在辽宁东部山区的江河源头、河道两岸大量分布着以涵养水源为主要功能的柞树林；在辽宁西北的风沙区也有以防风固沙为主导功能的柞树林的分布；在辽宁中南平原沿海地区的森林公园、道路造景等城市造林绿化中，也有大量柞树林的存在。柞树组面积的逐渐增长带动其蓄积量增加，再加上森林抚育管理措施的逐步完善，使得柞树组蓄积量逐渐增加。

（2）落叶松组蓄积呈现出逐渐增加的变化趋势。从 2006～2014 年，落叶松林蓄积量增加 1344.46 万立方米，增长率为 25.98%。落叶松是我国东北、内蒙古林区的主要组成树种，是东北地区三大针叶用材林树种之一，在东北地区有着广泛的分布。随着辽宁省天然林保护工程的实施，东北林区全面停止了对天然林资源的砍伐，加强了对森林的抚育、管理和更新，使得落叶松林的面积增加，蓄积量增长。

（3）油松组蓄积量呈现出逐渐增加的变化趋势，从 2006～2014 年，油松组蓄积量增加 395.77 万立方米，增长率为 11.24%，以 2008 年增长的幅度为最大。这可能是因为 2008 年，辽宁省投资 1277 万元完成了全省森林资源县级更新系统开发及资源变档和森林资源三维仿真系统开发，有力地促进了全省森林资源管理的科学化、信息化，使得对森林蓄积量的调查和计算更加精准。再加之森林抚育措施的逐步完善以及造林工程措施的逐步实施，使得油松组的面积逐渐增长，蓄积量逐渐增多。

（4）刺槐组蓄积量呈现出逐渐增加的变化趋势，增长幅度相对均匀，从 2006～2014 年，刺槐组蓄积量增加 556.10 万立方米，增长率为 88.12%。刺槐水土保持功能较强，防风固沙能力突出，分布广泛，面积相对较大；再加上其作为速生树种，生长速度相对较快，蓄积量增加相对较多。

（5）红松组蓄积量呈现出逐渐增加的变化趋势，增长幅度相对均匀，从 2006～2014 年，红松组蓄积量增加 115.41 万立方米，增长率为 22.43%，这与辽宁省采取的造林工程以及森林抚育管理措施的增强有关。

（6）杨树组蓄积量呈现出逐渐增加的变化趋势，从 2006～2014 年，杨树组蓄积量增加 1785.8 万立方米，增长率为 74.25%。自从我国停止了对天然林的砍伐，对森林的需求逐渐转向人工林，而杨树作为速生丰产树种备受欢迎，被大量种植，从而使得其面积增加，蓄积量呈现逐渐增长的变化趋势。

## 第二节　森林资源空间尺度变化

### 一、数量格局

从图 2-7 可知，辽宁省森林面积分布不均匀，主要集中在辽东地区，以抚顺、本溪和丹东市的森林面积最大，这主要与辽东山区所处的地理位置有关。辽东山区地处辽宁省东部，湿润多雨，降水量较大，是辽宁省重要的水源涵养林基地。较好的降水条件，使得辽东山区的森林面积相对较大。

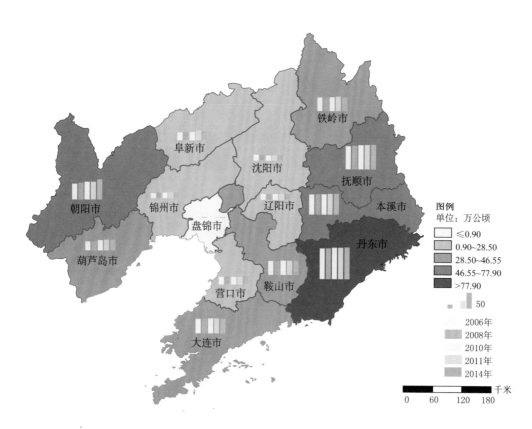

**图2-7　辽宁省各地市森林面积分布**

### 二、质量格局

从图 2-8 可知，2006 年，辽宁省森林质量整体不高，各地市的单位面积蓄积量都没有超过 100 立方米 / 公顷，最高的抚顺市为 89.09 立方米 / 公顷，最低的为营口市，仅为 6.7 立方米 / 公顷。森林面积最大的丹东市的单位面积蓄积也只有 59.38 立方米 / 公顷，森林质量不高。

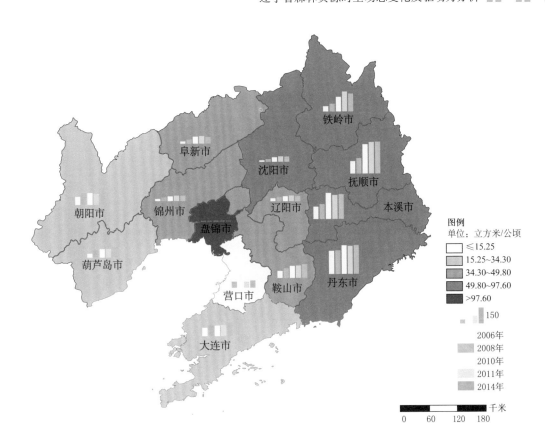

**图 2-8　辽宁省各地市森林单位面积蓄积量分布**

2008 年，辽宁省森林质量整体仍然不高，相较于 2006 年，各地市森林单位面积蓄积量均有不同程度的增加，但仍都没有超过 100 立方米/公顷，最高的抚顺市为 93.30 立方米/公顷，最低的营口市为 11.40 立方米/公顷。

2010 年，辽宁省各地市林分单位面积蓄积量除了葫芦岛市外，均有不同程度的提升，并以盘锦市提升的幅度最大，并首次有地市森林单位面积蓄积量超过 100 立方米/公顷，达到 122.81 立方米/公顷。

2011 年，辽宁省各地市林分单位面积蓄积量均有不同程度的提升，并仍以盘锦市提升的幅度最大，达到了 146.84 立方米/公顷。盘锦市森林质量连续实现大幅度增加的变化趋势，这与盘锦市采取积极的管理措施，提升本区域森林质量有关。

2014 年，辽宁省各地市林分单位面积蓄积量除了大连、营口和朝阳市外，均有不同程度的提升。森林单位面积蓄积量仍然只有盘锦市超过 100 立方米/公顷，达到了 150.54 立方米/公顷；其次为抚顺市，达到 97.62 立方米/公顷，接近于 100 立方米/公顷；其余各地市林分单位面积蓄积量均在 90 立方米/公顷以下，仍有很大的提升空间，这就需要各地市林业管理部门采取切实有效的措施，提升本区域森林质量。

## 第三节　生态公益林资源面积变化

> 公益林，是指以生态效益和社会效益为主体功能，依据国家和省有关规定划定，经批准公布并签有公益林保护协议的森林、林木以及宜林地，包括防护林、特种用途林。

公益林是森林中的精华，也是森林中最重要、最具完善的森林生态系统。在《中华人民共和国森林法》中规定："根据五大林种发挥功效的不同，将防护林及特种用途林划分为公益林，主要功能是维护和改进人类生存环境、维持生态平衡等；主要效益是为公众提供公共服务和产品，维护社会的可持续发展"。公益林也是结构最复杂、群落最稳定、生物量最大、功能最完善，系统多样性最高、生物多样性最丰富、自然修复能力最强的森林生态系统，对抵御洪涝灾害、遏制土地荒漠化、保护物种、维持生态平衡起着决定性作用。

> 国家公益林是指生态区位极为重要或生态状况极为脆弱，但对国土生态安全、生物多样性保护和经济社会可持续发展具有重要作用，以发挥森林生态和社会服务功能为主要经营目的的重点防护林和特种用途林。

依据《辽宁省国家级公益林区划界定和管理实施细则》可知，生态公益林应当在森林范围内进行区划，并将森林（包括乔木林和国家特别规定的灌木林）作为主要的区划对象。公益林区划界定遵循生态优先、确保重点，因地制宜、因害设防，集中连片、合理布局，实现生态效益、社会效益和经济效益的和谐统一的原则。公益林的区划范围主要有：江河源头、江河两岸、森林和陆生野生动物类型的国家级自然保护区以及列入世界自然遗产名录的森林、重要湿地和水库周围森林、边境地区陆路或水路接壤的国境线以内10千米的森林、荒漠化和水土流失严重地区以及沿海防护林基干林带、红树林、台湾海峡西岸第一重山脊临海山体的森林。《国家级公益林区划界定办法》还特别规定，在东北、内蒙古重点国有林区以禁伐区为主体，未开发利用的原始林，森林和陆生野生动物类型自然保护区，列入国家重点保护野生植物名录树种的优势树种，以小班为单元，集中分布、连片面积30公顷以上的天然林也划分为公益林。

辽宁省生态公益林划分标准及来源详见表2-5。

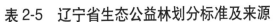
#### 表2-5 辽宁省生态公益林划分标准及来源

| 划分范围 | 划分标准 | 划分来源 |
| --- | --- | --- |
| 江河源头 | 自源头起向上以分水岭为界，向下延伸20千米、汇水区内江河两侧最大20千米以内的林地；流域面积在10000平方千米以上的一级支流源头，自源头起向上以分水岭为界，向下延伸10千米、汇水区内江河两侧最大10千米以内的林地 | 重要江河干流源头有大凌河；辽河一级支流源头有浑河、太子河和绕阳河 |
| 江河两岸 | 重要江河干流两岸[界江（河）国境线水路接壤段以外]以及河长在150千米以上、且流域面积在1000平方千米以上的一级支流两岸，干堤以外2千米以内丛林缘起，为平地的向外延伸2千米、为山地的向外延伸至第一重山脊的林地 | 重要江河干流两岸有辽河、鸭绿江和大凌河；重要江河一级支流两岸有辽河流域的老哈河、招苏台河、清河、秀水河、柳河、绕阳河、浑河、太子河；鸭绿江流域的浑江、瑗河、大洋河；大凌河一级支流两岸有小凌河、老虎山河、牤牛河、西河；滦河流域的青龙河 |
| 国家级自然保护区 | 森林和陆生野生动物类型的国家级自然保护区以及列入世界自然遗产名录的林地 | 白石砬子国家级自然保护区、老秃顶子国家级自然保护区、医巫闾山国家级自然保护区、仙人洞国家级自然保护区、双台河口国家级自然保护区和其他非林业系统所属的国家级自然保护区。世界自然遗产有牛河梁红山文化遗产等 |
| 湿地和水库 | 重要湿地和水库周围2千米以内从林缘起，为平地的向外延伸2千米、为山地的向外延伸至第一重山脊的林地 | 年均降水量在400毫米以下（含400毫米）的地区库容0.5亿立方米以上的水库有：建平白山水库、朝阳阎王鼻子水库、北票白石水库；年均降水量在400～1000毫米（含1000毫米）的地区库容3亿立方米以上的水库有：抚顺大伙房水库、葫芦岛乌金塘水库、辽阳汤河水库、辽阳参窝水库、铁岭柴河水库、开原清河水库、本溪观音阁水库、桓仁桓仁水库、大连碧流河水库、庄河市朱家隈子水库、庄河市转角楼水库、普兰店市刘大水库、东港市铁甲水库、凤城市土门水库、绥中大风口水库、绥中县龙屯水库、盖州市石门水库、彰武县闹德海水库、铁岭县榛子岭水库、开原市南城子水库、建昌县宫山咀水库、新城子石佛寺水库、阜新佛寺水库、瓦房店松树水库、瓦房店东风水库；年均降水量在1000毫米以上的地区库容6亿立方米以上的水库有：宽甸水丰水库 |
| 边境地区 | 边境地区陆路、水路接壤的国境线以内10千米的林地 | 辽宁省陆路、水路接壤的国境线地区分布在鸭绿江沿岸的宽甸县、东港市、振安区、振兴区和元宝区等 |
| 荒漠化和水土流失严重地区 | 防风固沙林基干林带（含绿洲外围的防护林基干林带）；集中连片30公顷以上的有林地、疏林地、灌木林地 | 辽宁省荒漠化严重地区分布在科尔沁沙地南缘的彰武县、康平县、昌图县。具体为彰武县的阿尔、城郊、大德、大冷、东六、丰田、二道河子、冯家、哈尔套、后新丘、两家子、满堂红、平安、前福兴地、双庙、四堡子、四河城、苇子沟、五峰、西六、兴隆堡、兴隆山、章古台；康平县的八家子苗圃、北四家子、东关屯、东升、二牛所口、方家、海洲、郝关屯、两家子、柳树屯、三台子分场、沙金台、山东屯、胜利、孙家店林场、西关屯、县种畜场、小城子、新生农场、张家窑林场、张强；昌图县的长发、付家、古榆树、后窑、七家子、三江口 |

（续）

| 划分范围 | 划分标准 | 划分来源 |
|---|---|---|
| 沿海防护林 | 沿海防护林基干林带 | 辽宁省沿海县（市、区）有：东港市、庄河市、普兰店市、金州区、甘井子区、旅顺口区、长海县、瓦房店市、鲅鱼圈区、盖州市、老边区、大洼县、盘山县、凌海市、天桥区、连山区、龙港区、兴城市、绥中县 |

注：引自《辽宁省国家级公益林区划界定实施细则》。

## 一、不同区域生态公益林面积变化

分析辽宁省不同区域生态公益林的分布特征，研究其空间分布格局，了解其在空间上的梯度变化，探究影响生态公益林空间分布的影响因子，可以为辽宁省生态公益林的管理、发展给予指导和帮助。

### 1. 不同区域生态公益林面积的变化

辽宁省生态公益林面积呈现出东部大于西北部，大于中南部分变化趋势，具体为辽东山区＞辽西北地区＞辽中南平原沿海地区（图2-9）。辽宁省地势自北向南，由东西两侧向中部倾斜，根据地形地貌的特征、特点，划分辽东山区、辽西北地区、辽中南平原沿海地

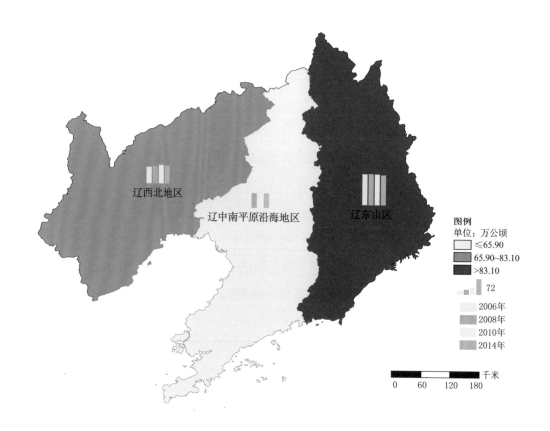

**图2-9 辽宁省不同区域生态公益林面积**

区 3 个大区。山地丘陵大致分列于东西两侧，约占全省总面积的 2/3；中部为广阔的辽河平原，约占全省总面积的 1/3。辽东山地属吉林龙岗山、哈达岭南延部分，以千山山脉为主体至辽东半岛，组成北东向主山脊，区域内降水量较大，湿润多雨，林木繁茂，是辽宁省重要的涵养水源林基地。辽西丘陵山地，以医巫闾山隆起带，构成了大凌河与绕阳河的分水岭；辽北低丘，位于彰武、铁岭一线以北，丘陵盆地相间，坡度平缓，西南与辽河平原相连，北部与科尔沁沙地毗邻，分布着风沙地貌。辽中南平原沿海地区地势平坦，是辽河、浑河、太子河、大小凌河、绕阳河下游的汇集地，形成地势平坦的三角洲。

辽东山区生态公益林面积最大，这是因为辽东山区水热条件较好，森林植被生长旺盛，面积较大，划归为生态公益林的面积较多；再加上该区域经济发展远远落后于中部平原地区，生产经营活动受到限制，人为干扰森林程度低于辽西北和辽中南平原沿海地区，从而使得辽东山区生态公益林面积最大。辽中南平原沿海地区是辽宁省经济发展核心区域，也是我国重要的工业基地和东北区经济发展的龙头，对于辽宁省和东北区的 GDP 贡献巨大，撑起辽宁省的大半天空，擎起东北地区经济的三分之一。其土地利用程度高，由此也带来了对森林资源的严重破坏，森林面积相对较小，划分为生态公益林的面积最小。

**2. 各地市生态公益林面积的变化**

为了研究的方便，按照所属区域进行行政区域划分。其中，省实验林场和省林职院林场归抚顺市，省经营所归丹东市，省固沙所归阜新市，省干旱所和省生态林场归朝阳市。各地市生态公益林面积差别较大，但均呈现出丹东、本溪和朝阳市生态公益林面积较大，辽阳、盘锦市等面积较小的分布格局（图 2-10）。在不同年份间的变化差异明显，从 2006～2014 年，生态公益林面积增加了 1.54 万公顷，以朝阳、阜新市的变化量为最大，这与两个城市采取的相关措施有关。2008 年，朝阳市完成造林 8.9 万公顷，在造林绿化过程中，重点开展了高速公路绿廊建设工程、新农村绿化工程、辽西北边界防护林体系建设工程，并在造林过程中严把质量关，确保造林成活率和保存率。2011 年，朝阳市全面推进 500 万亩荒山绿化工程建设，在工程实施中，统筹兼顾，全面发展，确保工程的顺利推进。朝阳市实施的这些工程措施以追求生态效益为优先，营造林又大多划分为生态公益林，从而使得朝阳市的生态公益林面积增加量较大。阜新市作为资源枯竭型城市，在发展的道路上逐渐转变为以生态经济为主的发展模式，积极开展生态造林，采取营林绿化措施。2007 年阜新市依据本地特征，以生态效益为优先，按照平原区、丘陵区、防风固沙区三个区域，实施分类指导、分区施策，进行造林绿化工程，全年共完成造林面积 5.35 万公顷。2012 年，阜新市为了改善区域生态环境，全面实施"万村万树"绿色村庄建设工程，启动和完善 620 个行政村的村屯绿化，重点完善 190 个村，栽植树木 132.4 万株，完成义务植树 1060 万株。正是由于这两个城市采取的生态工程措施，从而使得其生态公益林的面积增长幅度最大。

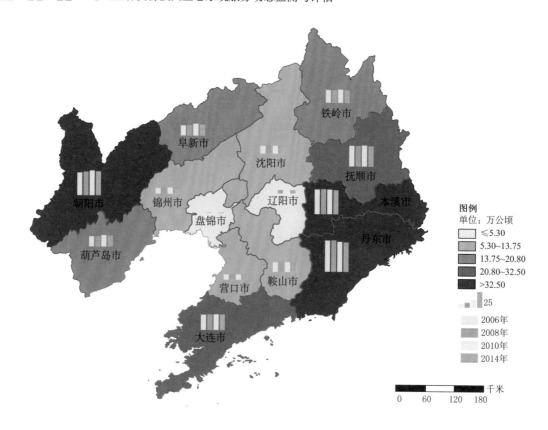

**图2-10　辽宁省各地市生态公益林面积**

### 二、生态公益林不同优势树种组面积变化

辽宁省生态公益林不同优势树种组的面积差距较大，但均表现为以柞树组、油松组和灌木林组面积为最大，这主要与三个树种组的特性及需求有关（表2-6）。柞树和油松作为辽宁省最常见的树种，多在水源头及江河两岸分布，有着较好的水土保持和涵养水源的作用。灌木林由于其防风固沙作用较好，在辽西北地区有大量的分布。

辽宁省生态公益林面积的增加，首先是由于辽宁省森林面积的增多为生态公益林的划分提供了基础条件，可以有更多的森林按照细则划分为生态公益林。其次，辽宁省生态公益林补偿范围和补偿力度逐渐增大，对生态公益林具有一定的促进作用。辽宁省于2001年被国家列入重点公益林补助试点省份，范围包括鞍山、抚顺、本溪、丹东、辽阳、营口、铁岭7市，补助面积为2100万亩。2004年，被国家正式确定为重点公益林补偿省份，补偿面积为2712.2万亩，范围覆盖全省；并于同年启动了省级森林生态效益补偿机制，这也标志着生态公益林保护机制在辽宁省的全面建立。2009年，重点公益林补偿范围扩大，划为重点公益林的疏林、灌木林、未成林营造林和宜林荒山全部被纳入国家补偿范围，此时辽宁全省国家公益林补偿面积为3434.3万亩。随着经济的发展，社会的进步，辽宁省逐渐形成了由国家森林生态效益补偿、省级生态效益补偿和省级天然林保护三项制度组成的森林生态效益补偿机制。生态公益林面积的增加使得更多人受益，惠及广大林农，是一项双赢的战略性举措。

表2-6 辽宁省生态公益林不同年份不同优势树种组的面积（万公顷）

| 树种组 | 2006年 | 2008年 | 2010年 | 2014年 |
|---|---|---|---|---|
| 红松组 | 2.17 | 2.34 | 2.40 | 2.20 |
| 落叶松组 | 10.28 | 12.33 | 12.91 | 10.97 |
| 油松组 | 60.20 | 60.88 | 61.69 | 59.83 |
| 樟子松组 | 2.82 | 2.86 | 3.01 | 2.93 |
| 云杉组 | 0.12 | 0.13 | 0.13 | 1.51 |
| 冷杉组 | 0.19 | 0.19 | 0.19 | 0.39 |
| 柏树组 | 2.05 | 1.12 | 1.45 | 1.33 |
| 柞树组 | 136.98 | 137.65 | 136.70 | 134.62 |
| 桦树组 | 2.41 | 2.40 | 2.36 | 2.06 |
| 色树组 | 3.05 | 3.04 | 2.90 | 0.00 |
| 榆树组 | 2.28 | 2.29 | 2.39 | 3.27 |
| 水曲柳组 | 0.24 | 0.25 | 0.25 | 0.54 |
| 胡桃楸组 | 4.57 | 4.59 | 4.58 | 3.53 |
| 黄菠萝组 | 0.05 | 0.05 | 0.06 | 0.05 |
| 花曲柳组 | 1.46 | 1.46 | 1.45 | 1.44 |
| 怀槐组 | 0.29 | 0.29 | 0.29 | 2.80 |
| 椴树组 | 1.87 | 1.86 | 1.81 | 1.76 |
| 白桦组 | 0.17 | 0.17 | 0.63 | 0.35 |
| 刺槐组 | 16.09 | 17.19 | 18.75 | 15.39 |
| 柳树组 | 1.54 | 1.54 | 0.00 | 0.00 |
| 杨树组 | 19.21 | 20.30 | 28.35 | 30.49 |
| 速生杨 | 8.16 | 7.54 | 2.50 | 2.60 |
| 杂木组 | 8.64 | 9.09 | 8.90 | 8.32 |
| 灌木林组 | 54.45 | 53.96 | 53.63 | 55.07 |
| 总计 | 339.29 | 343.52 | 347.33 | 341.45 |

### 三、生态公益林不同林龄面积变化

在辽宁省生态公益林不同龄林中，以中、幼龄林面积为最大（表2-7）。2006、2008、2010和2014年，中、幼龄林面积之和分别为271.93万、274.63万、198.40万和198.46万公顷，分别占到相应年份生态公益林总面积的95.46%、94.84%、67.55%和69.30%；近熟林、成熟林和过熟林的面积之和分别为12.94万、14.93万、95.30万和87.92万公顷，分别占相应年份生态公益林总面积的4.54%、5.16%、32.45%和30.70%。中、幼龄林面积在逐渐的减少，近熟林、成熟林和过熟林的面积逐渐增多。

**表2-7 辽宁省生态公益林不同林龄的面积**（万公顷）

| 林龄 | 2006年 | 2008年 | 2010年 | 2014年 |
|------|--------|--------|--------|--------|
| 幼龄林 | 187.28 | 180.86 | 122.3 | 121.63 |
| 中龄林 | 84.62 | 93.77 | 76.1 | 76.83 |
| 近熟林 | 6.47 | 7.69 | 54.68 | 51.31 |
| 成熟林 | 4.54 | 5.19 | 33.1 | 29.56 |
| 过熟林 | 1.93 | 2.05 | 7.52 | 7.05 |
| 总计 | 284.84 | 289.56 | 293.70 | 286.38 |

注：不同林龄生态公益林未包含灌木林面积。

辽宁省生态公益林不同林龄在不同年份间的变化量差异性较强。从2006～2014年，辽宁省生态公益林面积增加了1.54万公顷，其中，中、幼龄林面积减少了73.44万公顷，近熟林、成熟林和过熟林的面积增加了74.98万公顷。为了进一步规范国家级公益林区划界定工作，加强保护、管理和经营，辽宁省林业厅、财政厅组织编制了《辽宁省国家级公益林区划界定实施细则》，加强生态公益林的管理体系，通过自上而下的多层次、高效率管理，使得对生态公益林的管护更加科学、有效。辽宁省各级林业主管部门根据区划和资源档案将管护责任落实到山头地块，并会同财政部门，协调配合，采取有力措施，狠抓落实，基本形成了一个政府组织引导，林业、财政等多部门通力协作，农民积极参与的森林生态效益补偿工作机制。正是由于辽宁省对生态公益林管护措施的加强，使得公益林生长状况较好，林龄类型更加完善，结构更加合理。

# 第三章

# 辽宁省森林生态系统服务功能物质量评估

森林生态系统服务物质量评估主要是从物质量角度对森林生态系统所提供的各项服务进行定量评价，依据中华人民共和国林业行业标准《森林生态系统服务功能评估规范》（LY/T 1721—2008），本章将对辽宁省森林生态系统服务功能物质量开展评估研究，通过对5次评估结果的分析，探究其空间分布格局及动态变化特征。

## 第一节　辽宁省森林生态系统服务功能物质量评估结果

评估得出辽宁省森林涵养水源、保育土壤、固碳释氧、林木积累营养物质、净化大气环境等5项功能的物质量，结果如表3-1所示。辽宁省森林生态系统服务功能物质量增加趋势非常显著。2006～2014年，调节水量增加了96.34亿立方米，固土量增加了7860.74万吨，保肥量中固定氮、磷、钾和有机质量分别增加了17.80万、14.08万、73.84万和588.30万吨，固碳释氧量增加了712.02万和1750.56万吨，林木积累营养物质量增加了20.91万吨，产生负离子量减少了37.88×10$^{18}$个，吸收污染气体量增加了4.53万吨，滞尘量增加了1676.05

表3-1　2006～2014年辽宁省森林生态系统服务功能物质量

| 时期（年） | 调节水量（×10$^8$立方米/年） | 固土（×10$^4$吨/年） | 保肥（×10$^4$吨/年） | | | | 固碳（×10$^4$吨/年） | 释氧（×10$^4$吨/年） |
|---|---|---|---|---|---|---|---|---|
| | | | N | P | K | 有机质 | | |
| 2006 | 114.05 | 17012.63 | 43.94 | 21.74 | 384.86 | 948.41 | 1196.94 | 2659.78 |
| 2008 | 141.78 | 21727.44 | 45.93 | 22.26 | 389.29 | 986.06 | 1235.19 | 2739.96 |
| 2010 | 198.18 | 22452.42 | 52.58 | 29.10 | 364.56 | 1226.63 | 1661.06 | 3859.72 |
| 2011 | 206.77 | 24210.40 | 59.31 | 34.41 | 446.77 | 1460.06 | 1806.63 | 4199.47 |
| 2014 | 210.39 | 24873.37 | 61.74 | 35.82 | 458.7 | 1736.71 | 1908.96 | 4410.34 |

（续）

| 时期<br>(年) | 林木积累营养物质 | | | 净化大气环境 | | | | |
|---|---|---|---|---|---|---|---|---|
| | N<br>(×10⁴吨/<br>年) | P<br>(×10⁴<br>吨/年) | K<br>(×10⁴<br>吨/年) | 提供<br>负离子<br>(×10¹⁸个) | 吸收<br>污染物<br>(×10⁴吨/年) | 滞纳TSP<br>(×10⁴吨/年) | 滞纳PM₁₀<br>(×10⁴千克/<br>年) | 滞纳PM₂.₅<br>(×10⁴千克<br>/年) |
| 2006 | 37.68* | | | 415.00 | 71.60 | 9079.10 | - | - |
| 2008 | 31.49 | 1.62 | 5.66 | 423.00 | 72.98 | 9425.90 | - | - |
| 2010 | 41.12 | 2.15 | 7.33 | 329.00 | 75.19 | 9723.20 | - | - |
| 2011 | 45.68 | 2.29 | 7.33 | 359.00 | 72.67 | 10498.20 | - | - |
| 2014 | 48.42 | 2.45 | 7.72 | 377.12 | 76.13 | 10755.15 | 2247.88 | 634.54 |

注：2006年评估中林木积累营养物质（N、P、K）的总量为37.68万吨/年。

万吨。辽宁省森林生态系统服务功能的变化得益于其森林资源的保护发展以及林业政策和林业生态工程的实施。

## 一、涵养水源功能

从图3-1可以看出，辽宁省森林生态系统涵养水源量呈现逐渐增加的变化趋势，从2006～2014年增加了96.34亿立方米。辽宁全省多年平均水资源总量341.79亿立方米，辽河多年平均径流量为126亿立方米，辽宁人民的水碗——大伙房水库库容19.3亿立方米。2006、2008、2010、2011和2014年辽宁省森林生态系统涵养水源量是全省多年平均径流量的0.33、0.41、0.58、0.60和0.62倍，是辽河多年平均径流量的0.91、1.13、1.57、1.64和1.67

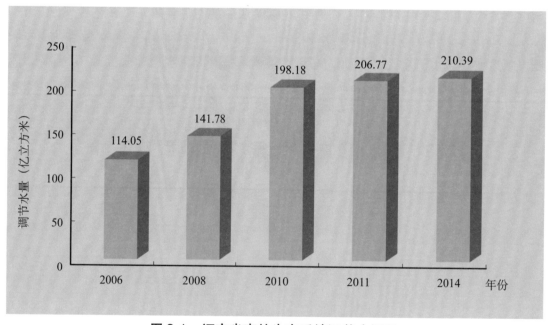

图3-1 辽宁省森林生态系统涵养水源量

倍，是大伙房水库库容量的 5.91、7.35、10.27、10.71 和 10.90 倍，从以上数据可以看出辽宁省森林生态系统涵养水源功能较强。森林可以通过对降水的截留、吸收和下渗，对降水进行时空再分配，减少无效水，增加有效水，因此习惯于将森林称为"绿色水库"。辽宁省的森林生态系统是"绿色""安全"的天然水库，调节水资源的潜力巨大，对于维护全省水资源安全起着举足轻重的作用，是辽宁省区域国民经济和社会可持续发展的保障。

## 二、保育土壤功能

从图 3-2 可以看出，辽宁省森林生态系统固土量呈现出逐渐增加的变化趋势。辽宁省是我国水土流失较严重的区域之一，大约 88% 的流域存在水土流失的问题，面积达 463.41 万公顷，占全省国土面积的 31.7%（牛萍，2010）。辽宁省第四次土壤侵蚀遥感普查结果显示，年均水土流失总量为 1.18 亿吨。2006、2008、2010、2011 和 2014 年辽宁省森林生态系统固土量相当于全省第四次土壤侵蚀调查结果的 1.44、1.84、1.90、2.00 和 2.11 倍，从评估的结果可知，辽宁省森林生态系统固土作用显著，在减少水土流失上发挥着重要的作用。森林生态系统有效地减轻了土壤侵蚀，降低了对环境的破坏，对于维护和提高土地生产力，充分发挥国土资源的经济效益和社会效益，保障区域经济社会稳定发展发挥着至关重要的作用。

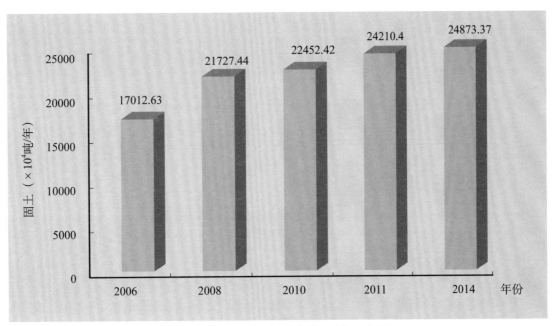

图 3-2　辽宁省森林生态系统固土量

## 三、固碳释氧功能

从图 3-3 可以看出，辽宁省森林生态系固碳量逐渐增加，从 2006～2010 年增加了 712.02 万吨。以 2014 年为例，辽宁省全年规模以上工业综合能源消费量 1.3 亿吨标准煤（2014 年辽宁省国民经济和社会发展统计公报，2015），依据《火电厂节能减排手册》可知，每千克标准煤可产生二氧化碳 2.58 千克，换算后可得到二氧化碳排放量为 3.35 亿吨，乘以二氧化碳中碳的含量 27.27%，可以得到 2014 年辽宁省碳排放量为 9145.36 万吨。2006、2008、2010、2011 和 2014 年辽宁省森林生态系统固碳量相当于 2014 年辽宁省全年碳排放量的 13.09%、13.51%、18.16%、19.75% 和 20.87%。从占比中也可以看出，辽宁省森林生态系统固碳功能逐渐增强，固碳量逐渐提高，这得益于辽宁省森林面积的逐渐增加，结构逐步完善，质量逐渐提升，从而固碳量呈现出逐渐增加的变化。林业是减缓和适应气候变化的有效途径和重要手段，林业的四个地位之一就是在应对气候变化中具有特殊地位，这已经得到了国际社会的充分肯定。森林固碳与工业减排相比，投资少、代价低，更具有经济可行性和现实操作性。辽宁省森林生态系统固碳功能对于保障全省发展低碳经济、推进节能减排、建设生态文明具有重要意义。

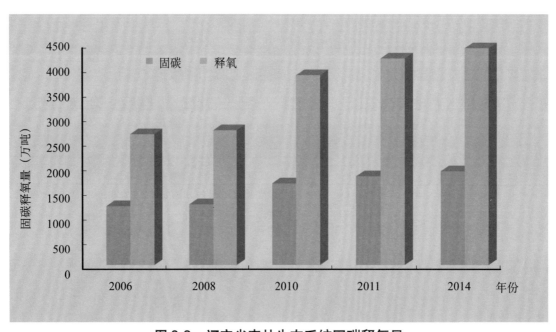

**图 3-3　辽宁省森林生态系统固碳释氧量**

森林通过光合作用吸收大气中的二氧化碳，在制造有机物的同时释放出氧气，维持大气中的气体组分的平衡，保持大气的健康稳定状态，为人类及动物等提供了生活空间和生存资料，在人类的长期生存和可持续发展中发挥着举足轻重的作用。辽宁省森林生态系统释氧量从 2006 ~ 2014 年增加了 1750.56 万吨，增长率为 65.82%。森林固碳释氧是一个统一体，在吸收二氧化碳的同时释放出氧气，使得辽宁省森林生态系统释氧量与固碳量的变化趋势相同，都呈现出逐渐增加的变化。

#### 四、林木积累营养物质功能

森林在生长过程中不断从周围环境中吸收营养物质，固定在植物体内，成为全球生物化学循环不可缺少的环节。林木积累营养物质功能首先是维持自身生态系统的养分平衡，其次才是为人类提供生态系统服务。从图 3-4 可知，辽宁省森林生态系统林木积累营养物质量呈现出逐渐增加的变化，从 2006 ~ 2014 年增加了 4.53 万吨，增长率为 6.33%。森林植被通过大气、土壤和降水吸收氮、磷、钾等营养物质并贮存在体内各器官，其林木积累营养物质功能对降低下游水源污染及水体富营养化具有重要作用。而林木积累营养物质与林分的净初级生产力密切相关，林分的净初级生产力与地区水热条件也存在显著相关性（Johan et al.，2000）。

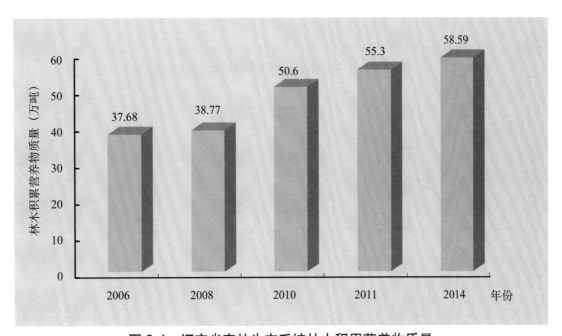

图 3-4　辽宁省森林生态系统林木积累营养物质量

#### 五、净化大气环境功能

辽宁省是我国重要的能源省份之一，在经济发展的同时，环境污染问题也日益突现，影响全省城市环境空气质量的首要污染物是可吸入颗粒物。以 2006 年为例，辽宁省工业排放二氧化硫量为 125.91 万吨（辽宁省统计局，2007）。从图 3-5 可知辽宁省森林生态系统污染物吸收量呈现出先增加后减少再增加的变化趋势，2006、2008、2010、2011 和 2014年污染物吸收量相当于 2006 年辽宁省工业二氧化硫排放量的 56.87%、57.96%、59.72%、57.72% 和 60.46%，表明辽宁省森林生态系统吸收污染物能力较强，能够较好起到净化大气环境的作用。在大家呼唤清洁空气的新时代，森林生态系统净化大气环境的功能恰好契合了人们的需求，满足人们对美好生活的向往和需要。森林生态系统清除污染物功能较强，

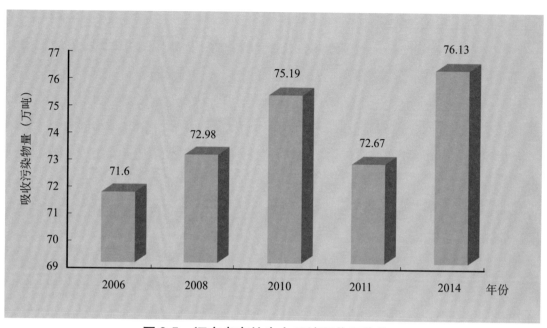

**图 3-5   辽宁省森林生态系统吸收污染物量**

治污减霾效果显著，与其他减排措施相比，森林治污减霾成本低且不会造成 GDP 损失。而且从受益范围看，森林不仅可以为当地人民提供了多种生态服务，而且也会为周边地区经济的可持续发展发挥出重要的作用。

## 第二节   各地市森林生态系统服务功能物质量评估结果

采用分布式测算方法，运用相关的模型、软件等分别对辽宁省 2006、2008、2010、2011 和 2014 年各地市的森林生态系统服务功能进行测算，得出其森林生态系统服务功能物质量。

### 一、涵养水源功能

辽宁省各地市森林生态系统涵养水源量如图 3-6 所示，在 5 次评估中，各地市森林生态系统调节水量总体均呈现出逐渐增加的变化趋势，以抚顺、铁岭市的增长最大，分别为 144.96%、225.81%。这是因为两个地区的森林面积较大，植被丰富，森林的质量相对较高，从而使得这两个区域的森林涵养水源量最大（Liu Miao，2015）。

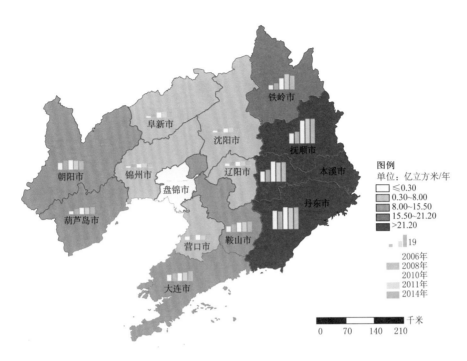

图 3-6　辽宁省各地市森林生态系统"水库"分布

## 二、保育土壤功能

### 1.固土功能

水土流失是人类所面临的重要环境问题,已经成为经济、社会可持续发展的一个重要的制约因素。我国是世界上水土流失十分严重的国家,而辽宁省又是全国水土流失严

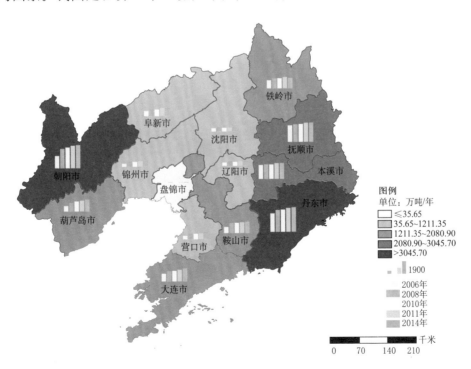

图 3-7　辽宁省各地市森林生态系统固土量分布

重的地区之一，侵蚀类型以水力侵蚀为主（中华人民共和国水利部，2015）。减少林地的土壤侵蚀模数能够很好地减少林地的土壤侵蚀量，对林地土壤形成很好的保护（Fu et al.，2011）。与2006年相比，2014年辽宁省森林生态系统固土量增加了7860.74万吨，增长率为46.21%。评估结果显示，辽宁省各地市森林生态系统固土量均呈递增趋势，其中增长率排在前三位的是葫芦岛、朝阳和鞍山市；排在后三位的是沈阳、本溪和抚顺市，增长率分别为13.70%、14.87%和17.07%（图3-7）。

2. 固氮功能

森林保育土壤的功能不仅表现为固定土壤，同时还表现为保持土壤的肥力。2006～2014年，辽宁省森林生态系统固氮量增加了17.8万吨，增长率为40.51%。评估结果显示，各地市森林生态系统固氮量均呈递增趋势，增长幅度排在前三位的是葫芦岛、朝阳和锦州市；排在后三位的是沈阳、盘锦和铁岭市，增长率分别为22.29%、20%和21.58%（图3-8）。保肥功能与森林固土能力相依存，正是由于森林生态系统能够较好地固持土壤，使得土壤中的氮元素被固定下来，在减少土壤流失的同时，也减少了土壤氮素的流失。

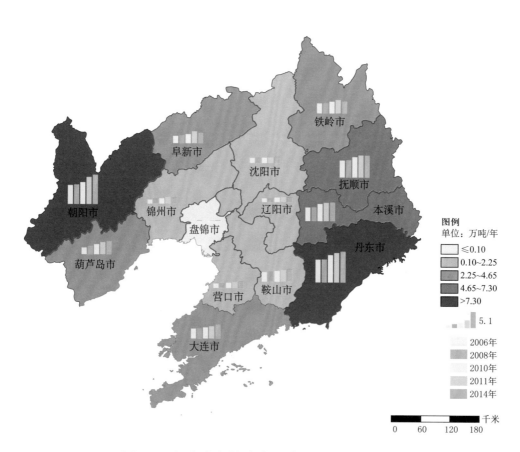

**图3-8　辽宁省各地市森林生态系统固氮量分布**

### 3. 固磷功能

2006～2014年，辽宁省森林生态系统固磷量增加了14.08万吨，增长率为64.77%。评估结果显示（图3-9），各地市森林生态系统固磷量呈现逐渐增加的趋势，与森林固土功能的变化趋势相一致。不同地市森林生态系统固磷量增长率排在前三位的是葫芦岛、朝阳和大连市；排在后三位的是沈阳、盘锦和铁岭市，增长率分别为10.67%、25%和35.75%。

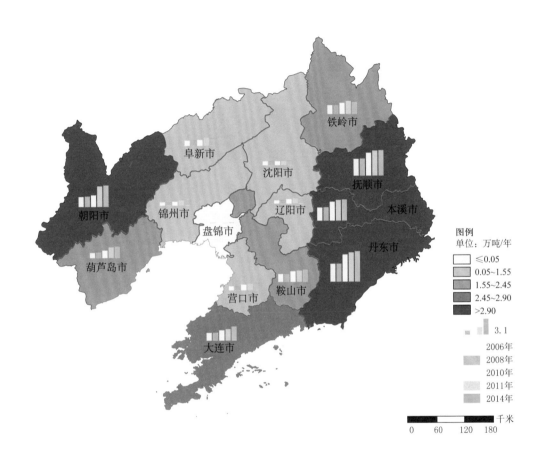

**图3-9　辽宁省各地市森林生态系统固磷量分布**

### 4. 固钾功能

2006～2014年，辽宁省森林生态系统固钾量增加了73.84万吨，增长率为19.19%。评估结果显示（图3-10），辽宁省各地市森林生态系统固钾量增长率排在前三位的是葫芦岛、朝阳和锦州市。

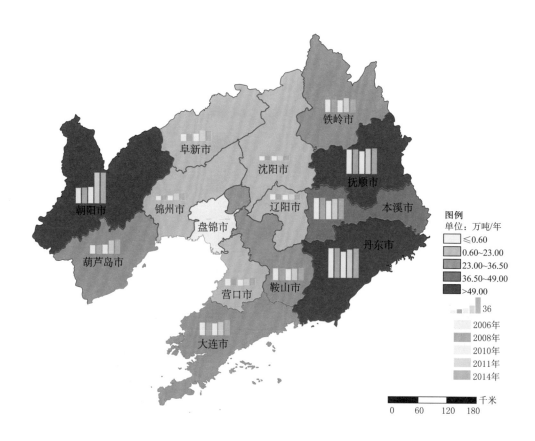

**图 3-10　辽宁省各地市森林生态系统固钾量分布**

5. 固定有机质功能

2006 ~ 2014 年，辽宁省森林生态系统固定有机质量增加了 788.3 万吨，增长率为 83.12%。评估结果显示（图 3-11），辽宁省各地市森林生态系统固定有机质增长率排在前三位的是丹东、朝阳和沈阳市。

辽宁省森林生态系统所发挥的保肥功能，对于保障当地水土资源和区域的生态环境安全，以及经济、社会可持续发展具有十分重要的意义。水土流失过程中会携带大量的养分、重金属等进入江河湖库，污染水体，使水体富营养化。土壤养分的流失又会引起土壤的贫瘠化，进而影响到林业经济的发展。辽宁省森林生态系统的保肥功能对于维护本地区林业经济的稳定具有十分重要的作用。

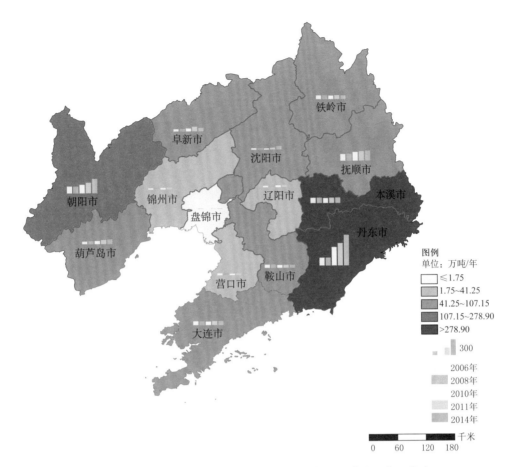

图 3-11　辽宁省各地市森林生态系统固定有机质量分布

### 三、固碳释氧功能

#### 1. 固碳功能

森林固碳释氧机制是通过自身的光合作用过程吸收二氧化碳，制造有机物，蓄积在树干、根部及枝叶等部位，并释放出氧气，从而抑制大气中二氧化碳浓度的上升，体现出绿色减排的作用（Liu et al., 2012）。与 2006 年相比，2014 年辽宁省森林生态系统固碳量增加了 712.02 万吨，增长率为 59.49%。增长率排在前三位的是葫芦岛、营口和大连市，分别为 103.11%、83.24% 和 84.42%；排在后三位的是沈阳、阜新和铁岭市，分别为 26.49%、45.73% 和 36.24%（图 3-12）。

#### 2. 释氧功能

2006 ～ 2014 年，辽宁省森林生态系统释氧量增加了 1750.56 万吨，增长率为 65.82%。增长率排在前三位的是葫芦岛、营口和大连市，分别为 109.85%、97.43% 和 101.47%；排在后三位的是沈阳、鞍山和铁岭市，分别为 29.42%、46.50% 和 42.14%（图 3-13）。

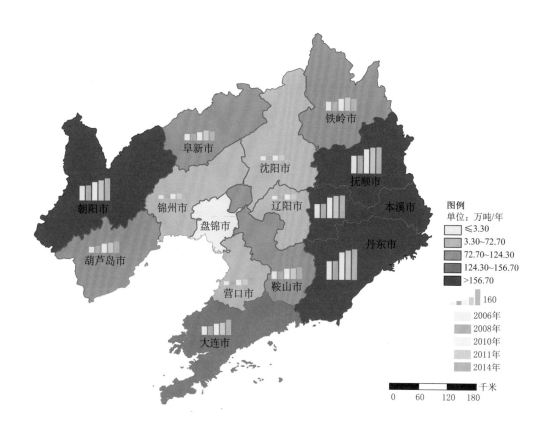

图 3-12　辽宁省各地市森林生态系统"碳库"分布

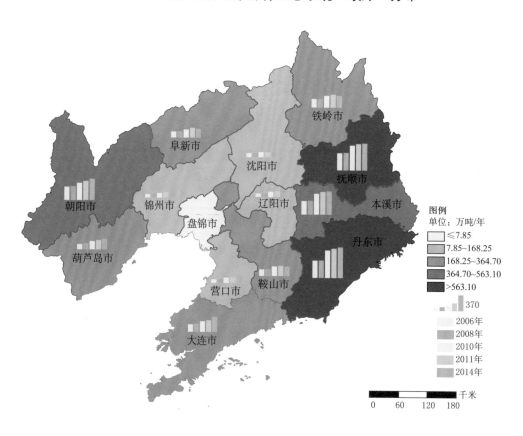

图 3-13　辽宁省各地市森林生态系统释氧量分布

### 四、林木积累营养物质功能

2006～2014年，辽宁省森林生态系统林木积累营养物质量增加了20.91万吨，增长率为55.49%。增长率排在前三位的是葫芦岛、营口和大连市，分别为96.02%、83.05%和85.77%；排在后三位的是沈阳、抚顺和铁岭市，分别为30.51%、44.61%和32.88%（图3-14）。林木积累营养物质功能与固土保肥中的保肥功能，无论从机理、空间部位，还是计算方法上都有本质区别，前者属于生物地球化学循环的范畴，而保肥功能是从水土保持的角度考虑，即如果没有这片森林，每年水土流失中也将包含一定的营养物质，属于物理过程。从林木积累营养物质的过程可以看出，辽宁省森林可以在一定程度上减少因为水土流失而带来的养分损失，在其生命周期内，使得固定在体内的养分元素在此进入生物地球化学循环，极大地降低水体富营养化的可能性。

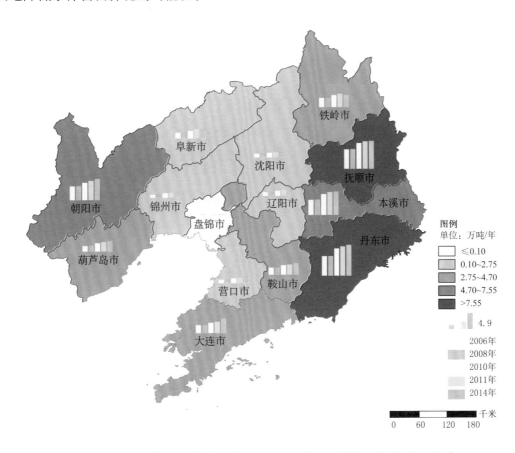

**图3-14 辽宁省各地市森林生态系统林木积累营养物质量分布**

### 五、净化大气环境功能

#### 1. 提供负离子

空气负离子是一种重要的无形旅游资源，具有杀菌、降尘、清洁空气的功效，被誉为"空气维生素与生长素"，能够改善肺器官功能，增加肺部吸氧量，促进人体新陈代谢，激活肌体多种酶，改善睡眠质量，提高人体免疫力、抗病能力，对人体健康十分有益（Hofman et al.，2013）。与 2006 年相比，2014 年辽宁省森林生态系统提供负离子量减少了 $3.79 \times 10^{20}$ 个，具体到各地市森林生态系统提供负离子量变化差异明显，铁岭、营口等城市呈现出增减交替的波动变化，抚顺、丹东等城市呈现出先增加后减少再增加的变化；葫芦岛、朝阳等城市出现增加的变化趋势（图 3-15）。

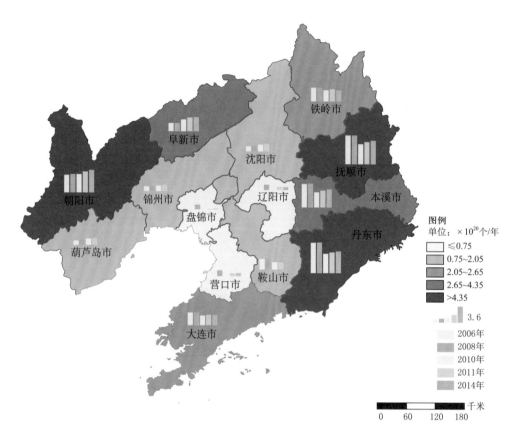

图 3-15　辽宁省各地市森林生态系统提供负离子量分布

### 2. 吸收二氧化硫

2006 ~ 2014 年，辽宁省森林生态系统吸收二氧化硫量增加了 4.55 万吨，增长率为 6.85%，各地市森林生态系统吸收二氧化硫量如图 3-16 所示，铁岭、阜新等城市出现先增加后减少的变化，朝阳、抚顺等城市出现逐渐增加的变化，丹东、大连等城市出现先增加后减少再增加的变化。

### 3. 吸收氟化物

2006 ~ 2014 年，辽宁省森林生态系统吸收氟化物减少了 0.06 万吨，各地市森林吸收氟化物量在 2011 年出现陡然增加的变化，这与当年评估选取的参数因子有关（图 3-17）。

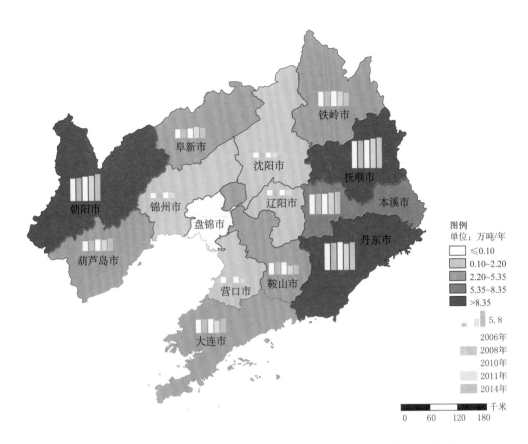

图 3-16 辽宁省各地市森林生态系统吸收二氧化硫量分布

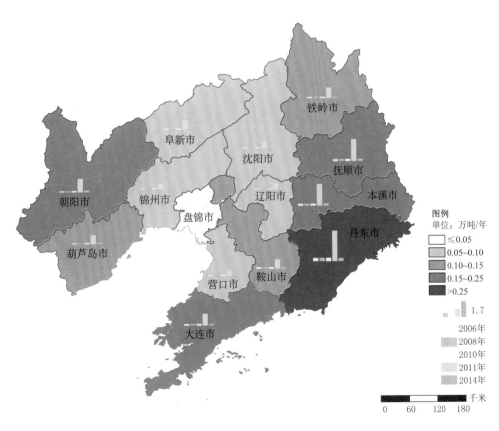

图 3-17 辽宁省各地市森林生态系统吸收氟化物量分布

**4. 吸收氮氧化物**

2006 ～ 2014 年，辽宁省森林生态系统吸收氮氧化物增加了 0.09 万吨，增长率为 2.75%，各地市森林生态系统吸收氮氧化物量如图 3-18 所示，铁岭、阜新等城市出现先增加后减少的变化，抚顺、朝阳等城市出现逐渐增加的变化，丹东、大连等城市出现先增加后减少再增加的变化。

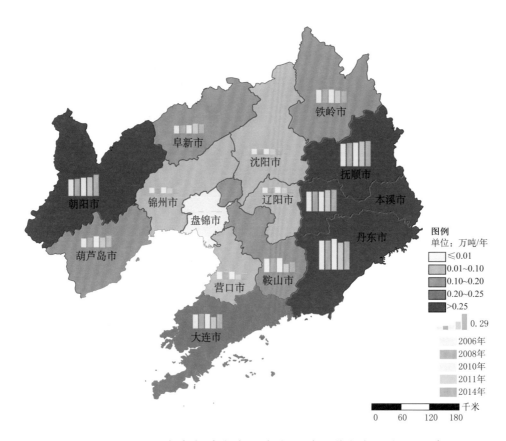

**图 3-18　辽宁省各地市森林生态系统吸收氮氧化物量分布**

**5. 滞　尘**

森林的滞尘作用表现为：一方面，由于森林茂密的林冠结构，可以起到降低风速的作用，随着风速的降低，空气中携带的大量颗粒物会加速沉降；另一方面，由于植物的蒸腾作用，使树冠周围和森林表面保持较大湿度，使空气颗粒物容易降落吸附。最重要的还是因为树体蒙尘之后，经过降水的淋洗滴落作用，使得植物又恢复了滞尘能力（牛香，2017）。

2006 ～ 2014 年，辽宁省森林生态系统滞尘增加了 167.61 亿千克，增长率为 18.46%，各地市森林滞尘量呈现出增加的变化趋势，森林滞尘作用显著。以 2006 年为例，辽宁工业烟（粉）尘排放量为 45.64 万吨（2007 年辽宁统计年鉴）。2006、2008、2010、2011 和 2014 年辽宁省森林生态系统滞尘量分别相当于 2006 年辽宁工业烟（粉）尘排放量的 198.93、206.53、213.04、230.02 和 235.65 倍，辽宁省森林生态系统滞尘功能较强。应该充分发挥辽宁省森林生态系统滞尘作用，调控区域内空气颗粒物含量，更大地发挥森林净化大气环境的作用（图 3-19）。

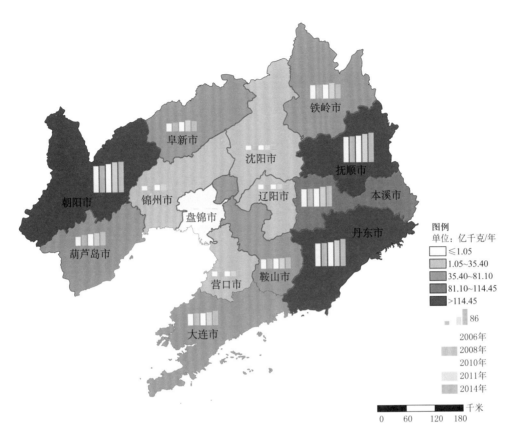

图 3-19　辽宁省各地市森林生态系统滞尘量分布

## 第三节　不同优势树种组生态系统服务功能物质量评估结果

　　本章主要对选择的柞树组、落叶松组、油松组、杨树组、刺槐组和灌木林组等 6 个典型树种组进行生态服务功能物质量评估，并对其动态变化进行对比分析。由表 3-2 可以看出，各树种组的生态服务功能总体呈现增加的变化趋势，其中以柞树组的各项生态服务功能增加幅度为最大，这可能与柞树面积增长较大有关，面积是影响森林生态服务功能的一项重要指标。

### 一、涵养水源功能

　　辽宁省典型树种组涵养水源量如图 3-20 所示，以柞树组涵养水源量为最大，以灌木林组为最小。在评估中虽然有个别年份的评估值会小于前期的，但总体呈现出递增的变化趋势。辽宁省境内流域及水系分布较多，有辽河、鸭绿江、大凌河等（辽宁省水利厅），这些流域及水系周围分布面积较大的树种主要有柞树、落叶松等，对于调节径流、改善水质等有着重要的作用。森林是拦截降水的天然水库，具有强大的蓄水作用，其复杂的立体结构不但对降水进行再分配，还可以减弱降水对土壤的侵蚀。树冠截留量受降雨量、降雨强度

表3-2　2006～2014年辽宁省不同典型树种组生态系统服务功能物质量的动态变化

| 树种组 | 时间 | 调节水量（亿立方米） | 固土（万吨） | 保肥（万吨） | | | | 固碳（万吨） | 释氧（万吨） | 林木积累营养物质（×10⁴吨） | | | 生产负离子（×10²⁰个） | 吸收二氧化硫（万千克） | 吸收氟化物（万千克） | 吸收氮氧化物（万千克） | 滞尘（亿千克） |
|---|---|---|---|---|---|---|---|---|---|---|---|---|---|---|---|---|---|
| | | | | N | P | K | 有机质 | | | N | P | K | | | | | |
| 柞树组 | 2006 | 59.68 | 6843.42 | 11.85 | 5.54 | 161.29 | 308.64 | 392.70 | 873.14 | 1291.32 | 33.02 | 70.44 | 1.56 | 16854.69 | 884.09 | 1140.76 | 192.22 |
| | 2008 | 71.65 | 6831.27 | 11.82 | 5.53 | 161.00 | 308.09 | 391.79 | 871.59 | 1289.08 | 32.96 | 70.31 | 1.55 | 16824.76 | 882.52 | 1138.73 | 191.88 |
| | 2010 | 85.52 | 6927.88 | 16.63 | 11.78 | 125.39 | 207.84 | 685.71 | 1655.98 | 1878.63 | 69.58 | 180.91 | 8.11 | 17062.70 | 895.00 | 1154.84 | 194.59 |
| | 2011 | 82.17 | 7369.72 | 17.91 | 12.65 | 134.73 | 223.34 | 731.40 | 1764.93 | 2018.56 | 74.90 | 194.74 | 8.94 | 18155.13 | 967.58 | 1243.00 | 207.38 |
| | 2014 | 88.51 | 8146.08 | 19.82 | 13.98 | 148.93 | 246.85 | 808.32 | 1950.49 | 2231.05 | 83.21 | 215.44 | 9.87 | 20070.41 | 1070.18 | 1371.14 | 229.07 |
| 落叶松组 | 2006 | 5.20 | 2033.43 | 5.27 | 3.79 | 39.80 | 124.65 | 185.58 | 444.12 | 461.27 | 61.25 | 161.07 | 0.61 | 12094.88 | 28.05 | 336.59 | 186.25 |
| | 2008 | 3.76 | 2135.27 | 5.53 | 3.98 | 41.80 | 130.89 | 194.76 | 466.37 | 478.12 | 63.49 | 166.95 | 0.60 | 12700.59 | 29.45 | 353.45 | 195.57 |
| | 2010 | 18.85 | 2192.19 | 5.55 | 4.12 | 43.34 | 318.87 | 208.41 | 501.47 | 514.16 | 67.43 | 181.20 | 4.16 | 13039.20 | 30.24 | 362.87 | 200.79 |
| | 2011 | 22.03 | 2367.62 | 6.04 | 4.49 | 47.29 | 399.73 | 225.90 | 543.14 | 561.38 | 73.76 | 198.22 | 4.69 | 14086.56 | 33.18 | 396.61 | 217.29 |
| | 2014 | 23.33 | 2499.91 | 6.38 | 4.74 | 50.00 | 546.94 | 238.64 | 573.80 | 593.26 | 78.42 | 209.11 | 5.24 | 14872.38 | 40.26 | 420.49 | 229.36 |
| 油松组 | 2006 | 2.17 | 2477.38 | 7.23 | 3.36 | 88.17 | 206.23 | 167.10 | 379.50 | 366.75 | 31.25 | 156.90 | 0.62 | 15603.96 | 36.19 | 434.25 | 240.28 |
| | 2008 | 2.17 | 2476.44 | 4.83 | 2.25 | 58.87 | 137.69 | 166.94 | 379.36 | 366.61 | 31.24 | 156.84 | 0.62 | 15598.03 | 36.17 | 434.08 | 240.19 |
| | 2010 | 21.62 | 2540.26 | 5.08 | 2.29 | 60.46 | 152.42 | 189.12 | 436.99 | 422.30 | 36.72 | 179.94 | 5.50 | 16000.00 | 37.11 | 445.27 | 246.38 |
| | 2011 | 21.11 | 2721.84 | 5.50 | 2.49 | 65.30 | 164.84 | 207.03 | 479.24 | 467.67 | 40.67 | 199.31 | 6.10 | 17142.16 | 40.53 | 481.87 | 263.99 |
| | 2014 | 20.59 | 2659.60 | 5.37 | 2.43 | 63.86 | 161.11 | 208.27 | 484.29 | 473.12 | 41.01 | 201.13 | 61.92 | 16750.03 | 40.38 | 470.42 | 257.93 |

（续）

| 树种组 | 时间 | 调节水量（亿立方米） | 固土（万吨） | 保肥（万吨） | | | | 固碳（万吨） | 释氧（万吨） | 林木积累营养物质（×10²吨） | | | 生产负离子（×10²⁰个） | 吸收二氧化硫（万千克） | 吸收氟化物（万千克） | 吸收氮氧化物（万千克） | 滞尘（亿千克） |
|---|---|---|---|---|---|---|---|---|---|---|---|---|---|---|---|---|---|
| | | | | N | P | K | 有机质 | | | N | P | K | | | | | |
| 杨树组 | 2006 | 8.94 | 1237.78 | 6.29 | 2.59 | 30.50 | 130.34 | 87.70 | 202.52 | 209.32 | 4.94 | 22.46 | 0.23 | 3048.54 | 159.91 | 206.33 | 34.77 |
| | 2008 | 8.92 | 1234.94 | 4.20 | 1.73 | 20.38 | 87.06 | 87.44 | 202.05 | 208.84 | 4.92 | 22.41 | 0.23 | 3041.54 | 159.54 | 205.86 | 34.69 |
| | 2010 | 18.24 | 1972.97 | 6.62 | 2.79 | 32.69 | 78.08 | 194.82 | 470.36 | 488.19 | 12.19 | 51.38 | 6.24 | 4859.23 | 254.88 | 328.88 | 55.42 |
| | 2011 | 18.63 | 2179.35 | 7.39 | 3.11 | 36.35 | 98.64 | 215.45 | 519.67 | 544.60 | 13.49 | 56.92 | 6.90 | 5368.13 | 287.11 | 366.96 | 61.21 |
| | 2014 | 17.06 | 2023.25 | 7.08 | 2.88 | 33.46 | 125.15 | 200.01 | 482.44 | 505.03 | 13.49 | 53.06 | 72.86 | 4980.37 | 270.28 | 340.44 | 56.83 |
| 刺槐组 | 2006 | 8.27 | 1138.40 | 2.16 | 1.14 | 15.48 | 39.39 | 73.02 | 165.84 | 178.40 | 4.06 | 12.91 | 0.20 | 2803.76 | 147.07 | 189.76 | 31.98 |
| | 2008 | 12.81 | 1221.79 | 2.32 | 1.22 | 16.62 | 42.27 | 78.33 | 177.99 | 183.97 | 4.19 | 13.31 | 0.30 | 3009.15 | 157.84 | 203.66 | 34.32 |
| | 2010 | 12.93 | 1384.65 | 2.63 | 1.38 | 18.85 | 44.78 | 83.65 | 186.51 | 189.58 | 4.74 | 14.22 | 2.82 | 3410.26 | 178.88 | 230.81 | 38.89 |
| | 2011 | 12.40 | 1515.47 | 2.92 | 1.53 | 20.86 | 50.24 | 92.65 | 208.32 | 212.04 | 5.34 | 15.90 | 3.17 | 3733.06 | 199.43 | 255.32 | 42.60 |
| | 2014 | 13.70 | 1697.07 | 3.25 | 1.71 | 23.35 | 57.87 | 106.91 | 241.73 | 246.41 | 6.25 | 18.13 | 3.89 | 4180.22 | 220.14 | 290.36 | 47.68 |
| 灌木林组 | 2006 | 5.89 | 339.19 | 3.66 | 0.39 | 1.54 | 66.63 | 43.38 | 79.39 | 55.70 | 5.98 | 50.42 | 0.03 | 726.79 | 10.13 | 23.56 | 39.70 |
| | 2008 | 8.94 | 2145.42 | 4.08 | 0.43 | 1.72 | 74.23 | 65.82 | 120.52 | 84.55 | 9.07 | 76.54 | 0.04 | 1103.29 | 15.38 | 35.76 | 60.26 |
| | 2010 | 4.03 | 2283.62 | 4.34 | 0.46 | 1.83 | 79.01 | 70.06 | 128.29 | 90.00 | 9.66 | 81.47 | 0.44 | 1174.35 | 16.37 | 38.07 | 64.14 |
| | 2011 | 9.35 | 2523.30 | 6.82 | 3.29 | 53.32 | 151.63 | 81.59 | 152.95 | 176.36 | 3.89 | 18.15 | 0.78 | 1285.83 | 18.24 | 42.06 | 70.23 |
| | 2014 | 6.28 | 2190.72 | 5.97 | 2.87 | 46.64 | 132.63 | 70.83 | 132.32 | 153.49 | 3.48 | 16.32 | 3.58 | 1120.24 | 20.41 | 40.39 | 60.97 |

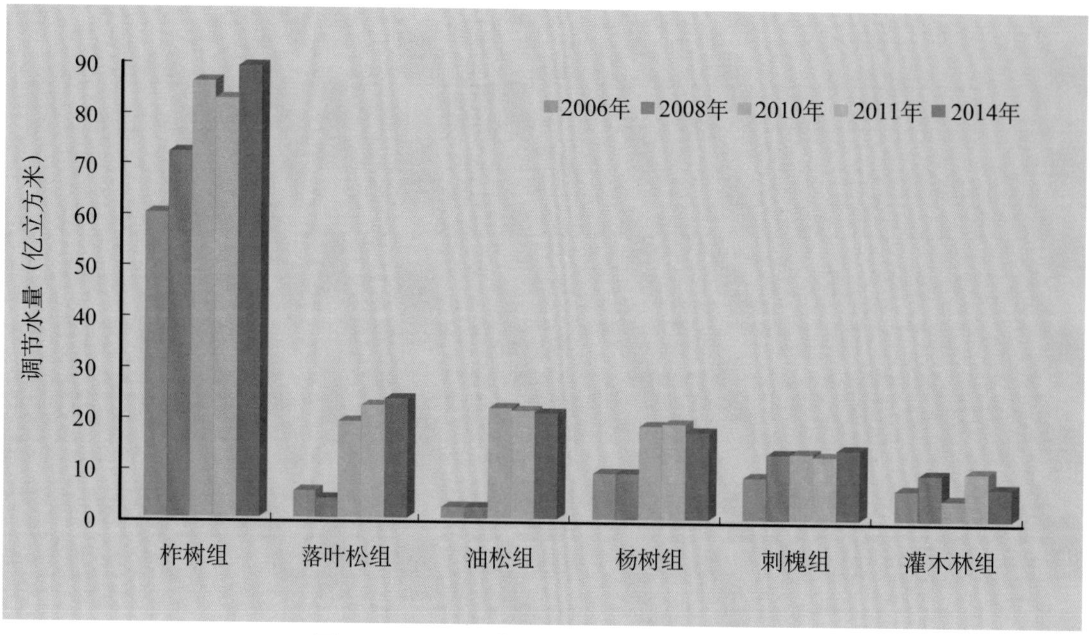

图 3-20 不同典型树种组涵养水源量

等外部因子的影响,并与林分组成、林龄、郁闭度等森林结构类型相关,因森林类型和降雨量的不同而异。由于柞树枝繁叶茂,林冠截留能力较强,根系蓄水功能较好;再加上柞树在辽宁省的水域源头及水系周围大面积分布,从而使得评估中均以柞树组涵养水源量最大。

将 5 次评估的涵养水源数据,以相邻评估期作为间隔,得出每两期评估的涵养水源量变化,详见表 3-3。从 2006 ~ 2014 年,6 个典型树种组的涵养水源量均不同程度的增加,并以柞树组的增加量为最大,以灌木林组为最小。影响森林涵养水源增长的因子众多,首先是面积因子,这是最主要的影响因素;其次,不同树种组的林冠截留量、林下枯落物厚度及蓄水能力、不同林分下的土壤非毛管孔隙等,也是造成不同树种组涵养水源差异的原因之一 (Xiao et al., 2014)。同一树种组涵养水源量在有的年份间隔中会出现减少的变化,这可能与间隔年份的降水量、降雨强度等因素有关。如果后一个年份的降水量相对较小,降雨又以短历时的暴雨为主,如果再遇到干旱气候等,就会造成后一年涵养水源量少于前一

表 3-3　2006 ~ 2014 年辽宁省不同典型树种组涵养水源功能的动态变化 (亿立方米)

| 年份 | 柞树组 | 落叶松组 | 油松组 | 杨树组 | 刺槐组 | 灌木林组 |
|---|---|---|---|---|---|---|
| 2006～2008 | 11.97 | -1.44 | 0.00 | -0.02 | 4.54 | 3.05 |
| 2008～2010 | 13.87 | 15.09 | 19.45 | 9.32 | 0.12 | -4.91 |
| 2010～2011 | -3.35 | 3.18 | -0.51 | 0.39 | -0.53 | 5.32 |
| 2011～2014 | 6.34 | 1.30 | -0.52 | -1.57 | 1.30 | -3.07 |
| 2006～2014 | 28.83 | 18.13 | 18.42 | 8.12 | 5.43 | 0.39 |

年，出现减少的变化。而在同一个年份间隔中，不同树种组出现增减不一的现象，这可能与树种的特性及面积有关。

## 二、保育土壤功能

森林具有较好的保持水土的功能，不仅能够涵养水源，同时也可以固持土壤，减少进入河流的泥沙含量，减少土壤的流失，保持土壤的肥力。林木的冠层能够对降水进行二次分配，降低雨滴的下落速率，减少到达地面雨滴的动能，减轻雨滴对地面的击溅侵蚀，减少进入河流的泥沙量（Xiao et al.，2014）；强大的根系在地下盘根错节，形成复杂的根系网，能够牢牢的抓住泥土，同时也能够拦蓄降水，减少水土流失（Tan et al.，2005）；林下的枯枝落叶覆盖在地表，消减了下落雨滴的动能，减轻地表水分的蒸发，减缓水流的汇集，防止短而急的降雨汇集形成洪峰，减少洪水、泥石流等自然灾害的发生，更好地发挥森林保育土壤的效益（Ritsema et al.，2003）。

### 1. 固土功能

不同典型树种组固土量评估结果如图 3-21 所示，均以柞树组固土量为最大。柞树组、落叶松组和刺槐组固土量呈现出一直递增的趋势，油松组、杨树组和灌木林组呈现出先增加后减少的趋势。水土流失现已成为人们关注的生态环境问题，它一方面不仅导致表层土壤随地表径流流失，切割蚕食地表，而且径流携带的泥沙又会淤积阻塞江河湖泊，抬高河床，增加了洪涝的隐患（Wang et al.，2008）。柞树等多分布在江河源头以及流域的沿岸，能够较好地

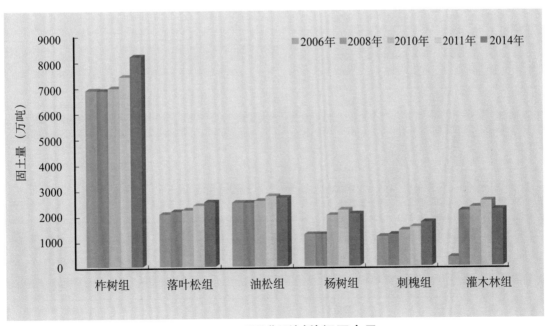

**图 3-21　不同典型树种组固土量**

减少水土流失，减轻径流对土壤的侵蚀，固持土壤，减弱土壤侵蚀强度，降低土壤侵蚀模数。

　　将评估的固土量数据，以相邻评估期作为间隔，得出每两期评估的固土量变化。由表3-4 可以看出，从 2006～2014 年选取的 6 个典型树种组的固土量除了在个别评估年份减少外，总体均呈现出增加的变化趋势。同一树种组固土量在有的年份间隔中会出现减少的变化，这可能与间隔年份的降水量、降雨强度等因素有关。如果后一年的降雨量较大，降雨强度又以暴雨等为主，土壤侵蚀较重，后一年的保育土壤量就会少于前一年，出现减少的变化。而在同一个年份间隔中，不同树种组固土量出现增减不一的现象，这可能与树种的特性及面积有关。

表3-4　2006～2014 年辽宁省不同典型树种组固土量动态变化（万吨）

| 年份 | 柞树组 | 落叶松组 | 油松组 | 杨树组 | 刺槐组 | 灌木林组 |
|---|---|---|---|---|---|---|
| 2006～2008 | -12.15 | 101.84 | -0.94 | -2.84 | 83.39 | 1806.23 |
| 2008～2010 | 96.61 | 56.92 | 63.82 | 738.03 | 162.86 | 138.20 |
| 2010～2011 | 441.84 | 175.43 | 181.58 | 206.38 | 130.82 | 239.68 |
| 2011～2014 | 776.36 | 132.29 | -62.24 | -156.10 | 181.60 | -332.58 |
| 2006～2014 | 1302.66 | 466.48 | 182.22 | 785.47 | 558.67 | 1851.53 |

### 2. 固氮功能

　　不同典型树种组固氮量评估结果如图 3-22 所示，均以柞树组固氮量最大，其次为落叶松林组、油松组、杨树组和灌木林组，以刺槐组固氮量最小。固氮量除个别年份出现减少

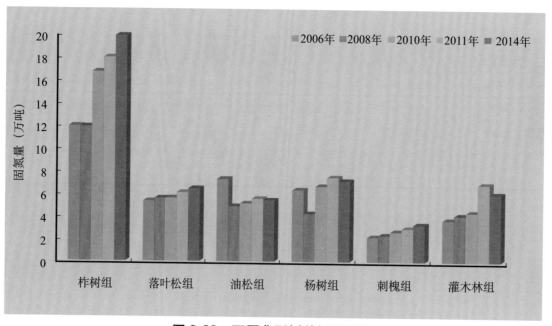

图 3-22　不同典型树种组固氮量

外，总体呈现出递增的变化趋势。

　　将 5 次评估的固氮量数据，以相邻评估期作为间隔，得出每两期评估的固氮量变化。由表 3-5 可以看出，从 2006 ~ 2014 年选取的树种组中，除了油松组减少外，其他几个树种组均呈现出增加的趋势。有些树种组固氮量在某些年份间隔中会出现减少的变化，这与固土量有很大的关系。

表 3-5　2006 ~ 2014 年辽宁省典型树种组固氮量动态变化（万吨）

| 年份 | 柞树组 | 落叶松组 | 油松组 | 杨树组 | 刺槐组 | 灌木林组 |
|---|---|---|---|---|---|---|
| 2006~2008 | -0.03 | 0.26 | -2.40 | -2.09 | 0.16 | 0.42 |
| 2008~2010 | 4.81 | 0.02 | 0.25 | 2.42 | 0.31 | 0.26 |
| 2010~2011 | 1.28 | 0.49 | 0.42 | 0.77 | 0.29 | 2.48 |
| 2011~2014 | 1.91 | 0.34 | -0.13 | -0.31 | 0.33 | -0.85 |
| 2006~2014 | 6.06 | 0.77 | -1.73 | 1.10 | 0.76 | 3.16 |

3. 固磷功能

　　不同典型树种组固磷量评估结果如图 3-23 所示，不同树种组固磷量在不同年份的变化差异性显著，但均以柞树组为最大。柞树组、落叶松组和刺槐组固磷量呈现出一直增加的变化趋势，油松组和杨树组呈现出先减少后增加再减少的变化趋势，灌木林组呈现出先增加后减少的变化趋势。

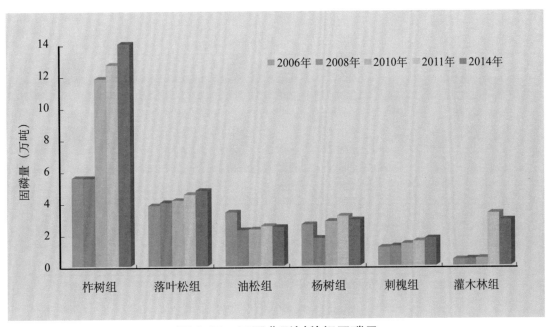

图 3-23　不同典型树种组固磷量

将评估的固磷量数据，以相邻评估期作为间隔，得出每两期评估的固磷量变化。由表3-6可以看出，从2006～2014年，除油松组固磷量出现减少，其他5个树种组均增加，并以柞树组的增加量为最大。有些树种组在某些年份间隔中固磷量会出现减少的变化，这与树种组固土量有很大的关系。

**表3-6　2006～2014年辽宁省不同典型树种组固磷量动态变化**（万吨）

| 年份 | 柞树组 | 落叶松组 | 油松组 | 杨树组 | 刺槐组 | 灌木林组 |
|---|---|---|---|---|---|---|
| 2006～2008 | -0.01 | 0.19 | -1.12 | -0.86 | 0.08 | 0.04 |
| 2008～2010 | 6.25 | 0.14 | 0.04 | 1.06 | 0.16 | 0.03 |
| 2010～2011 | 0.87 | 0.37 | 0.20 | 0.32 | 0.15 | 2.83 |
| 2011～2014 | 1.33 | 0.25 | -0.06 | -0.23 | 0.18 | -0.42 |
| 2006～2014 | 8.44 | 0.95 | -0.93 | 0.29 | 0.57 | 2.48 |

#### 4. 固钾功能

典型树种组固钾量如图3-24所示，在5次评估中，均以柞树组固钾量为最大。柞树组固钾量呈现出先减少后增加的变化趋势，落叶松组、刺槐组呈现出一直递增的趋势，油松组和杨树组呈现出先减少后增加再减少的趋势，灌木林组呈现出先增加后减少的变化趋势。

将评估的固钾量数据，以相邻评估期作为间隔，得出每两期评估的固钾量变化。由表3-7可以看出，从2006～2014年，柞树组和油松组的固钾量呈现减少的变化，其余4个树

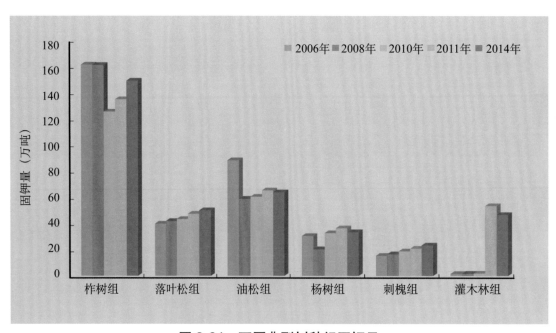

**图3-24　不同典型树种组固钾量**

表3-7 2006～2014年辽宁省典型树种组固钾量动态变化（万吨）

| 年份 | 柞树组 | 落叶松组 | 油松组 | 杨树组 | 刺槐组 | 灌木林组 |
|------|--------|----------|--------|--------|--------|----------|
| 2006～2008 | -0.01 | 0.19 | -1.12 | -0.86 | 0.08 | 0.04 |
| 2008～2010 | 6.25 | 0.14 | 0.04 | 1.06 | 0.16 | 0.03 |
| 2010～2011 | 0.87 | 0.37 | 0.20 | 0.32 | 0.15 | 2.83 |
| 2011～2014 | 1.33 | 0.25 | -0.06 | -0.23 | 0.18 | -0.42 |
| 2006～2014 | 8.44 | 0.95 | -0.93 | 0.29 | 0.57 | 2.48 |

种组均呈现出增加的趋势。有的树种组在某些年份间隔中固钾量会出现减少的变化，这与树种组固土量有很大的关系。

5. 固定有机质功能

不同典型树种组固定有机质量评估结果如图3-25所示，均以柞树组和落叶松组固定有机质量为最大，以刺槐组为最小。柞树组固定有机质量呈现出先减少后增加的变化趋势，落叶松组和刺槐组呈现出逐渐增加的变化趋势，杨树组呈现出先减少后增加的变化，油松组呈现先减少后增加再减少的变化，灌木林组呈现出先增加后减少的变化。

将评估的固定有机质量数据，以相邻评估期作为间隔，得出每两期评估的固定有机质量变化。由表3-8可以看出，从2006～2014年，柞树组、油松组和杨树组固定有机质量呈现出减少的变化；落叶松组、刺槐组和灌木林组呈现增加的变化。有的树种组在某些年份间隔中固定有机质量会出现减少的变化，这与树种组固土量有很大的关系。

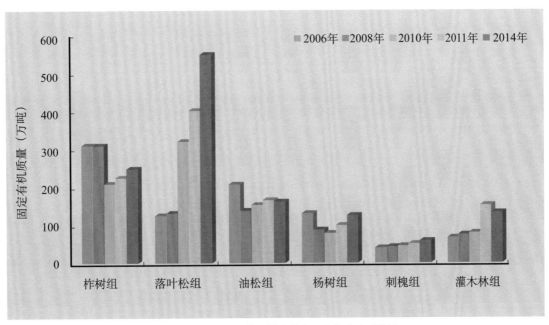

图3-25 不同典型树种组固定有机质量

**表 3-8    2006～2014 年辽宁省不同典型树种组固定有机质量动态变化**（万吨）

| 年份 | 柞树组 | 落叶松组 | 油松组 | 杨树组 | 刺槐组 | 灌木林组 |
|---|---|---|---|---|---|---|
| 2006～2008 | -0.55 | 6.24 | -68.54 | -43.27 | 2.88 | 7.60 |
| 2008～2010 | -100.25 | 187.98 | 14.73 | -8.98 | 2.51 | 4.78 |
| 2010～2011 | 15.50 | 80.86 | 12.42 | 20.56 | 5.46 | 72.62 |
| 2011～2014 | 23.51 | 147.21 | -3.73 | 26.51 | 7.63 | -19.00 |
| 2006～2014 | -61.79 | 422.29 | -45.12 | -5.19 | 18.48 | 66.00 |

### 三、固碳释氧功能

#### 1. 固碳功能

不同典型树种组固碳量评估结果如图 3-26 所示，均以柞树组固碳量为最大，以灌木林组为最小。柞树组、落叶松组、油松组和刺槐组固碳量呈现出一直递增的趋势，杨树组和灌木林组呈现出先增加后减少的变化趋势。

将 5 次评估的固碳量数据，以相邻评估期作为间隔，得出每两期评估的固碳量变化，由表 3-9 可以看出，从 2006～2014 年，固碳量均呈现增加的变化趋势，并以柞树组为最大，以灌木林组为最小。杨树组的固碳增长率最大，达到 128.07%，这主要是因为作为速生树种，光合作用相对较强，在相同时间内能够积累更多的营养物质，固定更多的二氧化碳，再加之杨树面积的增加，从而使得其固碳速率增长最大。同一树种组固碳量在有的年份间隔中会出现减少的变化，这可能与间隔年份的降水、温度等因素有关。如果后一个年份的

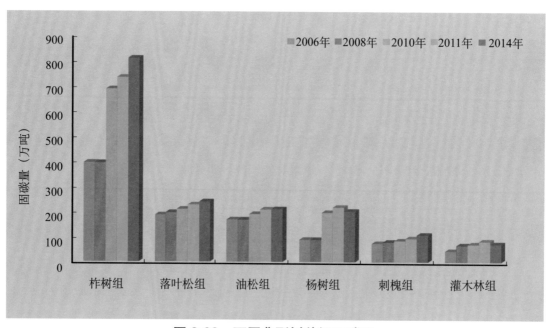

**图 3-26    不同典型树种组固碳量**

表3-9　2006～2014年辽宁省不同典型树种组固碳量动态变化（万吨）

| 年份 | 柞树组 | 落叶松组 | 油松组 | 杨树组 | 刺槐组 | 灌木林组 |
|---|---|---|---|---|---|---|
| 2006～2008 | -0.91 | 9.18 | -0.16 | -0.25 | 5.31 | 22.44 |
| 2008～2010 | 293.92 | 13.65 | 22.18 | 107.38 | 5.32 | 4.24 |
| 2010～2011 | 45.69 | 17.49 | 17.91 | 20.63 | 9.00 | 11.53 |
| 2011～2014 | 76.92 | 12.74 | 1.24 | -15.44 | 14.26 | -10.76 |
| 2006～2014 | 415.62 | 53.06 | 41.17 | 112.31 | 33.89 | 27.45 |

降水量少，温度低，植物光合作用就会受到影响，固碳量降低，出现减少的变化。而在同一个年份间隔中，不同树种组出现增减不一的现象，这可能与树种的特性及面积有关。

2. 释氧功能

不同典型树种组释氧量评估结果如图3-27所示，均以柞树组释氧量为最大，以灌木林组为最小。柞树组、落叶松组、油松组和刺槐组释氧量呈现出一直递增的趋势，杨树组和灌木林组呈现出先增加后减少的变化趋势。

将5次评估的释氧量数据，以相邻评估期作为间隔，得出每两期评估的释氧量变化。由表3-10可以看出，从2006～2014年选取的树种组中的释氧量均呈现增加的变化趋势，并以柞树组的增加量为最大，以灌木林组为最小。杨树组释氧增长率为最大，为138.22%，这是因为杨树光合作用较强，释放氧气的速率也相对较快，再加之杨树面积的增加，从而

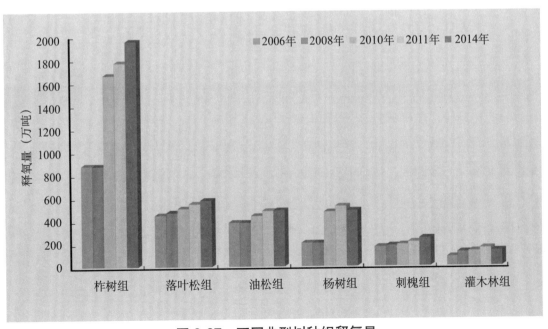

图3-27　不同典型树种组释氧量

使得杨树组释氧增长率最大。同一树种组释氧量在有的年份间隔中会出现减少的变化，这可能与间隔年份的降水、温度等因素有关。如果后一个年份的降水量少，温度低，植物光合作用就会受到影响，释氧量降低，出现减少的变化。而在同一个年份间隔中，不同树种组释氧量出现增减不一的现象，这可能与树种的特性及面积有关。

表3-10　2006～2014年辽宁省不同典型树种组释氧量动态变化（万吨）

| 年份 | 柞树组 | 落叶松组 | 油松组 | 杨树组 | 刺槐组 | 灌木林组 |
|---|---|---|---|---|---|---|
| 2006～2008 | -1.55 | 22.25 | -0.14 | -0.47 | 12.15 | 41.13 |
| 2008～2010 | 784.39 | 35.10 | 57.63 | 268.31 | 8.52 | 7.77 |
| 2010～2011 | 108.95 | 41.67 | 42.25 | 49.31 | 21.81 | 24.66 |
| 2011～2014 | 185.56 | 30.66 | 5.05 | -37.23 | 33.41 | -20.63 |
| 2006～2014 | 1077.35 | 129.68 | 104.79 | 279.92 | 75.89 | 52.93 |

### 四、林木积累营养物质功能

林木在生长过程中不断从周围环境吸收营养物质，固定在植物体中，成为全球生物化学循环不可缺少的环节（Alifragis et al., 2001）。林木积累营养物质服务功能首先是维持自身生态系统的养分平衡，其次才是为人类提供生态系统服务。林木积累营养物质可以在一定程度上减少因为水土流失而带来的养分损失，从而降低水库水体富营养化的危害。

#### 1. 林木积累氮量

不同典型树种组林木积累氮量评估结果如图3-28所示，均以柞树组积累氮量为最大，以灌木林组为最小。柞树组、落叶松组、油松组和刺槐组积累氮量呈现出一直递增的趋势，杨树组和灌木林组呈现出先增加后减少的变化趋势。

将5次评估的林木积累氮量数据，以相邻评估期作为间隔，得出每两期评估的林木积累氮量变化。由表3-11可以看出，从2006～2014年，不同优势树种组林木积累氮量均呈现增加的变化趋势，以柞树组增加最大，以刺槐组最小。同一树种组林木积累氮量在有的年份间隔中会出现减少的变化，这可能与间隔年份的降水、温度等因素有关。如果后一个年份的降水量少，温度低，植物光合作用就会受到影响，林木积累氮量低，出现减少的变化。而在同一个年份间隔中，不同树种组林木积累氮量出现增减不一的现象，这可能与树种的特性及面积有关。

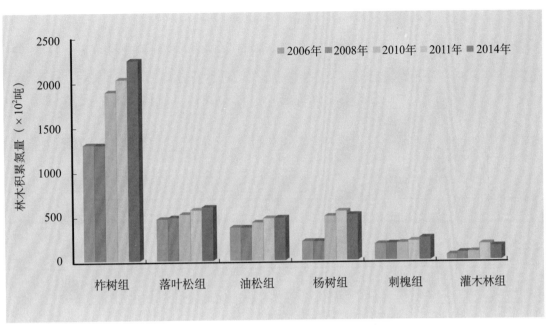

图 3-28　不同典型树种组林木积累氮量

表 3-11　2006 ～ 2014 年辽宁省不同典型树种组林木积累氮量动态变化（$\times 10^2$ 吨）

| 年份 | 柞树组 | 落叶松组 | 油松组 | 杨树组 | 刺槐组 | 灌木林组 |
|---|---|---|---|---|---|---|
| 2006～2008 | -2.24 | 16.85 | -0.14 | -0.48 | 5.57 | 28.85 |
| 2008～2010 | 589.55 | 36.04 | 55.69 | 279.35 | 5.61 | 5.45 |
| 2010～2011 | 139.93 | 47.22 | 45.37 | 56.41 | 22.46 | 86.36 |
| 2011～2014 | 212.49 | 31.88 | 5.45 | -39.57 | 34.37 | -22.87 |
| 2006～2014 | 939.73 | 131.99 | 106.37 | 295.71 | 68.01 | 97.79 |

2. 林木积累磷量

不同典型树种组林木积累磷量评估结果如图 3-29 所示，以柞树组和落叶松组积累磷量为最大。在选取的 6 个树种组中，除灌木林组积累磷量呈现出先增加后减少的变化趋势外，其余 5 个树种组均呈现出逐渐增加的变化趋势。

将 5 次评估的林木积累磷量数据，以相邻评估期作为间隔，得出每两期评估的林木积累磷量变化。由表 3-12 可以看出，从 2006 ～ 2014 年，选取的 6 个典型树种组中，灌木林组积累磷量呈现减少的变化，其余 5 个树种组均呈现增加的变化趋势，并以柞树组的增加量为最大。同一树种组林木积累磷量在有的年份间隔中会出现减少的变化，这可能与间隔年份的降水、温度等因素有关。在同一个年份间隔中，不同树种组林木积累氮量出现增减不一的现象，这可能与树种的特性及面积有关。

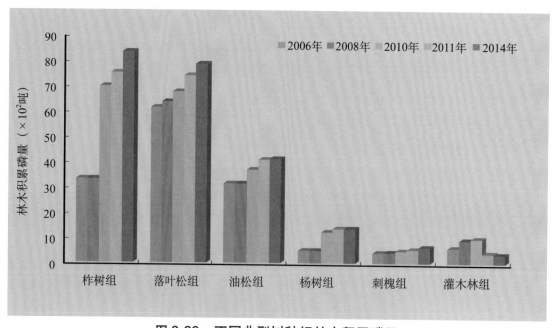

图 3-29　不同典型树种组林木积累磷量

表 3-12　2006 ~ 2014 年辽宁省不同典型树种组林木积累磷量动态变化（×$10^2$ 吨）

| 年份 | 柞树组 | 落叶松组 | 油松组 | 杨树组 | 刺槐组 | 灌木林组 |
|---|---|---|---|---|---|---|
| 2006~2008 | -0.06 | 2.24 | -0.01 | -0.02 | 0.13 | 3.09 |
| 2008~2010 | 36.62 | 3.94 | 5.48 | 7.27 | 0.55 | 0.59 |
| 2010~2011 | 5.32 | 6.33 | 3.95 | 1.30 | 0.60 | -5.77 |
| 2011~2014 | 8.31 | 4.66 | 0.34 | 0.00 | 0.91 | -0.41 |
| 2006~2014 | 50.19 | 17.17 | 9.76 | 8.55 | 2.19 | -2.50 |

### 3. 林木积累钾量

不同典型树种组林木积累钾量评估结果如图 3-30 所示，柞树组、落叶松组、油松组和刺槐组林木积累钾量呈现出逐渐增加的变化趋势，杨树组和灌木林组呈现出先增加后减少的变化趋势。

将 5 次评估的林木积累钾量数据，以相邻评估期作为间隔，得出每两期评估的林木积累钾量变化。由表 3-13 可以看出，从 2006 ~ 2014 年，灌木林组积累钾量出现减少的变化，其余 5 个树种组均呈现增加的变化趋势，并以柞树组为最大，以刺槐组为最小。同一树种组林木积累钾量在有的年份间隔中会出现减少的变化，这可能与间隔年份的降水、温度等因素有关。在同一个年份间隔中，不同树种组林木积累氮量出现增减不一的现象，这可能与树种的特性及面积有关。

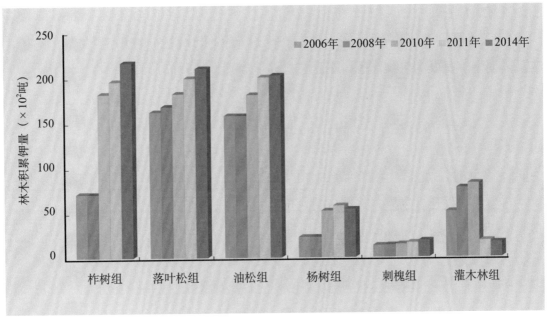

**图 3-30　不同典型树种组林木积累钾量**

**表 3-13　2006 ~ 2014 年辽宁省不同典型树种组林木积累钾量动态变化**（$\times 10^2$ 吨）

| 年份 | 柞树组 | 落叶松组 | 油松组 | 杨树组 | 刺槐组 | 灌木林组 |
|---|---|---|---|---|---|---|
| 2006 ~ 2008 | -0.13 | 5.88 | -0.06 | -0.05 | 0.40 | 26.12 |
| 2008 ~ 2010 | 110.60 | 14.25 | 23.10 | 28.97 | 0.91 | 4.93 |
| 2010 ~ 2011 | 13.83 | 17.02 | 19.37 | 5.54 | 1.68 | -63.32 |
| 2011 ~ 2014 | 20.70 | 10.89 | 1.82 | -3.86 | 2.23 | -1.83 |
| 2006 ~ 2014 | 145.00 | 48.04 | 44.23 | 30.60 | 5.22 | -34.10 |

### 五、净化大气环境功能

森林植被的新陈代谢要吸收空气中的二氧化碳等气体，在这个过程中，空气中的有害气体一旦与植物接触，部分会被束缚或溶解于植物表面，或通过气孔被植物吸收。被吸收的有害气体一部分被同化为植物体的组成物质，另一部分被富集，暂时储存在植物的器官和组织中。森林植被有高大的树干和稠密的树冠，是空气流动的巨大障碍，它能改变风速和风向，对粉尘有很大的阻挡和过滤吸附作用。当含尘量大的气流通过树林时，随着风速的降低，空气中颗粒较大的粉尘会迅速下降。森林植被的高蒸腾速率能使森林周围保持较高的湿度，增加烟尘的水分含量，有助于灰尘和烟雾沉降到地面和植物的表面。另外林木具有大量枝叶，枝叶表面又常凸凹不平，有些树木的表皮长有绒毛或者能够分泌出黏液或油脂，它们能把粉尘黏在表面，这些枝叶经雨水冲洗后又会恢复吸附尘埃的作用，从而使经过森林的气流含尘量大大降低。因此，森林能够不断地吸收有害气体、净化大气，是天然的"净化器"。

1. 提供负离子

空气负离子通常又称负氧离子，是指获得 1 个或 1 个以上的带负电荷的氧气离子，小粒径负离子，有良好的生物活性，易于透过人体血管屏障，进入人体发挥生物效应。具有镇静、镇痛、镇咳、止痒、利尿、增食欲、降血压之效，可以使人们感到心情舒畅，治理慢性疾病，因此又被称为"空气维生素""空气维他命"及"长寿素"等。影响负离子产生的因素主要有几个方面：首先是海拔梯度的影响，海拔能够显著影响森林负离子浓度的变化，同时，宇宙射线是自然界产生负离子的重要来源，海拔越高则负离子浓度增加的越快。其次，与植物的生长息息相关，植物的生长活力高，则能够产生较多的负离子，这与"年龄依赖"假设相吻合（Tikhonov et al., 2014）。第三，叶片形态结构不同也是导致产生负离子量不同的重要原因。从叶片形态上来说，针叶树针状叶的等曲率半径较小，具有"尖端放电"功能，且产生的电荷能使空气发生电离从而产生更多的负离子（牛香，2017）。随着森林生态旅游的兴起及人们保健意识的增强，空气负离子作为一种重要的森林旅游资源已越来越受到人们的重视。

不同典型树种组提供负离子量评估结果如图 3-31 所示，以柞树组提供负离子量为最大，以灌木林组为最小。选取树种组中除了灌木林组提供负离子量出现先增加后减少的趋势，其他树种组均呈现出一直递增的趋势。

将评估的提供负离子量数据，以相邻评估期作为间隔，得出每两期评估的提供负离子量变化。由表 3-14 可以看出，从 2006 ~ 2014 年选取的 6 个典型树种组提供负离子量均呈现增加的变化趋势，并以柞树组为最大，以灌木林组为最小。同一树种组提供负离子量在

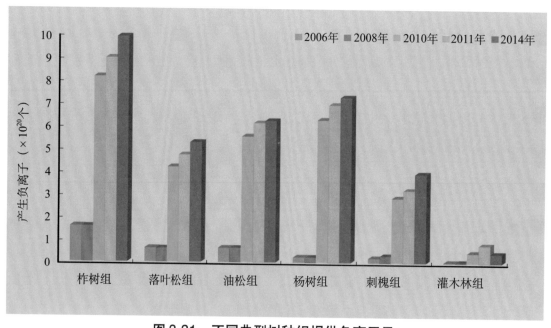

**图 3-31　不同典型树种组提供负离子量**

表3-14　2006～2014年辽宁省不同典型树种组提供负离子量动态变化（×10$^{20}$个）

| 年份 | 柞树组 | 落叶松组 | 油松组 | 杨树组 | 刺槐组 | 灌木林组 |
|---|---|---|---|---|---|---|
| 2006～2008 | -0.01 | -0.01 | 0.00 | 0.00 | 0.10 | 0.01 |
| 2008～2010 | 6.56 | 3.56 | 4.88 | 6.01 | 2.52 | 0.40 |
| 2010～2011 | 0.83 | 0.53 | 0.60 | 0.66 | 0.35 | 0.34 |
| 2011～2014 | 0.93 | 0.55 | 0.10 | 0.33 | 0.72 | -0.37 |
| 2006～2014 | 8.31 | 4.63 | 5.58 | 7.00 | 3.69 | 0.38 |

有的年份间隔中会出现减少的变化，这可能与间隔年份的降水、温度等因素有关。后一个年份的降水量少，温度较高，气候干燥，森林提供负离子量就会减少。在同一个年份间隔中，不同树种组提供负离子量出现增减不一的现象，这可能与树种的特性及面积有关。

2. 吸收二氧化硫

不同典型树种组吸收二氧化硫量评估结果如图3-32所示，以柞树组吸收二氧化硫量为最大，以灌木林组为最小。选取的6个典型树种组中，柞树组、落叶松组和刺槐组吸收二氧化硫量呈现出一直增加的变化趋势，落叶松组、杨树组和灌木林组出现先增加后减少的趋势。

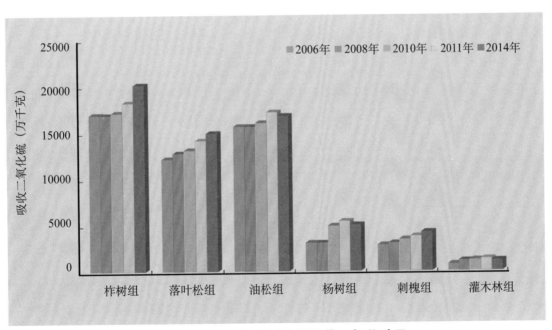

图3-32　不同典型树种组吸收二氧化硫量

　　将评估的吸收二氧化硫量数据，以相邻评估期作为间隔，得出每两期评估的吸收二氧化硫量变化。由表3-15可以看出，从2006～2014年，选取的6个典型树种组吸收二氧化硫量均呈现增加的变化趋势，这与不同树种组的面积及树种特性有关。

**表3-15　2006～2014年辽宁省不同典型树种组吸收二氧化硫量动态变化**（万千克）

| 年份 | 柞树组 | 落叶松组 | 油松组 | 杨树组 | 刺槐组 | 灌木林组 |
|---|---|---|---|---|---|---|
| 2006～2008 | -29.93 | 605.71 | -5.94 | -7.00 | 205.39 | 376.50 |
| 2008～2010 | 237.94 | 338.61 | 401.97 | 1817.69 | 401.11 | 71.06 |
| 2010～2011 | 1092.43 | 1047.36 | 1142.16 | 508.90 | 322.80 | 111.48 |
| 2011～2014 | 1915.28 | 785.82 | -392.13 | -387.76 | 447.16 | -165.59 |
| 2006～2014 | 3215.72 | 2777.50 | 1146.07 | 1931.83 | 1376.46 | 393.45 |

### 3. 吸收氟化物

　　不同典型树种组吸收氟化物量评估结果如图3-33所示，以柞树组吸收氟化物量为最大，远远超过其他树种组。在选取的6个典型树种组中，落叶松组和刺槐组吸收氟化物量呈现逐渐增加的变化趋势，其他树种组呈现出先增加后减少的变化趋势。

　　将5次评估的吸收氟化物量数据，以相邻评估期作为间隔，得出每两期评估的吸收氟化物量变化。由表3-16可以看出，从2006～2014年，选取的6个典型树种组吸收氟化量均呈现增加的变化趋势，并以柞树组的增加量为最大，以油松组增加量最小。

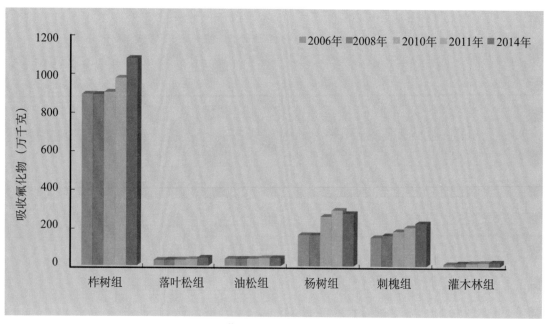

**图3-33　典型树种组吸收氟化物量**

表 3-16  2006 ～ 2014 年辽宁省不同典型树种组吸收氟化物量动态变化（万千克）

| 年份 | 柞树组 | 落叶松组 | 油松组 | 杨树组 | 刺槐组 | 灌木林组 |
|---|---|---|---|---|---|---|
| 2006～2008 | -29.93 | 605.71 | -5.94 | -7.00 | 205.39 | 376.50 |
| 2008～2010 | 237.94 | 338.61 | 401.97 | 1817.69 | 401.11 | 71.06 |
| 2010～2011 | 1092.43 | 1047.36 | 1142.16 | 508.90 | 322.80 | 111.48 |
| 2011～2014 | 1915.28 | 785.82 | -392.13 | -387.76 | 447.16 | -165.59 |
| 2006～2014 | 3215.72 | 2777.50 | 1146.07 | 1931.83 | 1376.46 | 393.45 |

4.吸收氮氧化物

不同典型树种组吸收氮氧化物量评估结果如图 3-34 所示，以柞树组吸收氮氧化物量为最大。选取树种组中，柞树组、落叶松组和刺槐组吸收氮氧化物量呈现逐渐增加的变化趋势，油松组、杨树组和灌木林组呈现出先增加后减少的变化趋势。

将评估的吸收氮氧化物量数据，以相邻评估期作为间隔，得出每两期评估的吸收氮氧化物量变化。由表 3-17 可以看出，从 2006 ～ 2014 年，选取的典型树种组吸收氮氧化量均呈现增加的变化趋势，并以柞树组的增加量为最大，以灌木林组增加量最小。

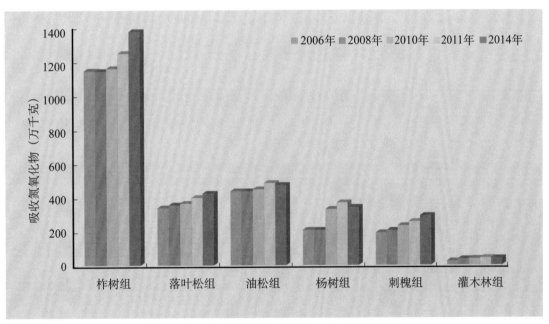

图 3-34  不同典型树种组吸收氮氧化物量

表 3-17    **2006～2014 年辽宁省不同典型树种组吸收氮氧化物量动态变化**（万千克）

| 年份 | 柞树组 | 落叶松组 | 油松组 | 杨树组 | 刺槐组 | 灌木林组 |
|------|--------|----------|--------|--------|--------|----------|
| 2006～2008 | -2.03 | 16.86 | -0.17 | -0.47 | 13.90 | 12.20 |
| 2008～2010 | 16.11 | 9.42 | 11.19 | 123.02 | 27.15 | 2.31 |
| 2010～2011 | 88.16 | 33.74 | 36.60 | 38.08 | 24.51 | 3.99 |
| 2011～2014 | 128.14 | 23.88 | -11.45 | -26.52 | 35.04 | -1.67 |
| 2006～2014 | 230.38 | 83.90 | 36.17 | 134.11 | 100.60 | 16.83 |

5. 滞　尘

不同典型树种组滞尘量评估结果如图 3-35 所示，以油松组滞尘量为最大，以刺槐组滞尘量为最小。选取的树种组中，柞树组、落叶松组和刺槐组滞尘量呈现出一直增加的变化，油松组、杨树组和灌木林组呈现出先增加后减少的变化。

将 5 次评估的滞尘量数据，以相邻评估期作为间隔，得出每两期评估的滞尘量变化。由表 3-18 可以看出，从 2006～2014 年选取的 6 个典型树种组滞尘量均呈现增加的变化趋势，并以落叶松组的增加量为最大，以刺槐组为最小。

本研究得出落叶松组和油松组等针叶树种组吸收污染气体及滞尘的功能仅次于柞树组。首先是由于落叶松和油松是寒温带和温带树种，资源储量丰富，天然分布范围很广，面积相对较大。其次，与落叶松和油松的树种特性有关。一般来说，气孔密度大，叶面积指数

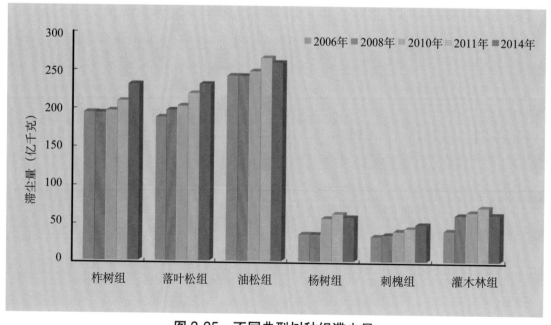

**图 3-35    不同典型树种组滞尘量**

表 3-18　2006 ～ 2014 年辽宁省不同典型树种组滞尘量动态变化（亿千克）

| 年份 | 柞树组 | 落叶松组 | 油松组 | 杨树组 | 刺槐组 | 灌木林组 |
|---|---|---|---|---|---|---|
| 2006～2008 | -0.34 | 9.32 | -0.09 | -0.08 | 2.34 | 20.56 |
| 2008～2010 | 2.71 | 5.22 | 6.19 | 20.73 | 4.57 | 3.88 |
| 2010～2011 | 12.79 | 16.50 | 17.61 | 5.79 | 3.71 | 6.09 |
| 2011～2014 | 21.69 | 12.07 | -6.06 | -4.38 | 5.08 | -9.26 |
| 2006～2014 | 36.85 | 43.11 | 17.65 | 22.06 | 15.70 | 21.27 |

大，叶片表面粗糙有绒毛、分泌黏性油脂和汁液等较多的树种，可吸附和黏着更多的污染物（牛香，2017）。针叶树多与阔叶树种相比，针叶树绒毛多、表面分泌更多的油脂和黏性物质，气孔浓度偏大，污染物易于在叶表面附着和滞留（Neihuis et al. 1998）；加之，针叶树种多为常绿树种，叶片可以一年四季吸收污染物，从而使得油松吸收污染气体的量相对较大。

## 第四节　生态公益林生态系统服务功能物质量评估结果

辽宁省生态公益林生态服务功能物质量见表 3-19，从 2006 ～ 2014 年，各项功能物质量呈现出逐渐增加的变化趋势。

表 3-19　2006 ～ 2014 年辽宁省生态公益林生态系统服务功能物质量

| 年份 | 调节水量(亿立方米) | 固土(万吨) | 保肥(万吨) | | | | 固碳(万吨) | 释氧(万吨) | 林木积累营养物质(万吨) | | | 提供负离子(×10²⁰个) | 吸收污染物(万吨) | 滞纳TSP(万吨) |
|---|---|---|---|---|---|---|---|---|---|---|---|---|---|---|
| | | | N | P | K | 有机质 | | | N | P | K | | | |
| 2006 | 64.37 | 9601.93 | 24.80 | 12.27 | 217.21 | 535.28 | 675.55 | 1501.18 | 21.27 | | | 2.34 | 40.41 | 5124.24 |
| 2008 | 80.25 | 12297.73 | 26.00 | 12.60 | 220.34 | 558.11 | 699.12 | 1550.82 | 17.82 | 0.92 | 3.20 | 2.39 | 41.31 | 5335.06 |
| 2010 | 109.77 | 12436.40 | 29.12 | 16.12 | 201.93 | 679.43 | 920.06 | 2137.90 | 22.78 | 1.19 | 4.06 | 1.82 | 41.65 | 5385.68 |
| 2014 | 112.24 | 13269.94 | 32.94 | 19.11 | 244.72 | 926.53 | 1018.43 | 2352.92 | 25.83 | 1.31 | 4.12 | 2.01 | 40.62 | 5737.90 |

## 一、涵养水源功能

从图 3-36 可以看出，5 次评估的辽宁省生态公益林涵养水源的量呈现逐渐增加的趋势，从 2006 ~ 2014 年增加了 47.87 亿立方米。2006、2008、2010 和 2014 年辽宁省生态公益林涵养水源量是辽宁全省多年平均径流量（341.79 亿立方米）的 0.19、0.23、0.32 和 0.33 倍，是辽河多年平均径流量（126 亿立方米）的 0.51、0.64、0.87 和 0.89 倍。从以上数据可以看出辽宁省生态公益林涵养水源的功能较强，是一座绿色"安全"的水库，对于维护全省水资源安全起着举足轻重的作用。

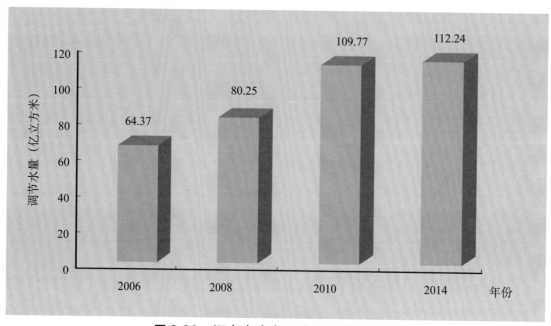

图 3-36　辽宁省生态公益林涵养水源量

### 1. 各地市生态公益林涵养水源功能

辽宁省各地市生态公益林涵养水源量以抚顺、丹东和本溪市为最大，以沈阳、锦州和盘锦市为最小。从 2006 ~ 2014 年，不同地市涵养水源量均呈现增加的变化趋势，抚顺、本溪和铁岭市生态公益林涵养水源增长量最大，分别为 11.26 亿、6.97 亿和 7.64 亿立方米；以朝阳、辽阳和盘锦市增长量最小，分别为 1.23 亿、1.24 亿和 0.08 亿立方米（图 3-37）。辽东山区是辽宁省森林资源最丰富的地区，而抚顺、丹东和本溪三个地市均位于辽东山区，森林资源丰富，划归为生态公益林的面积较大，从而使得这三个地市生态公益林涵养水源量最大。

### 2. 不同典型树种组涵养水源功能

辽宁省生态公益林 6 个典型树种组涵养水源量以柞树组最大，以落叶松组最小。灌木林组涵养水源量呈现出先增加后减少再增加的变化趋势，其他 5 个树种组均呈现出先增加

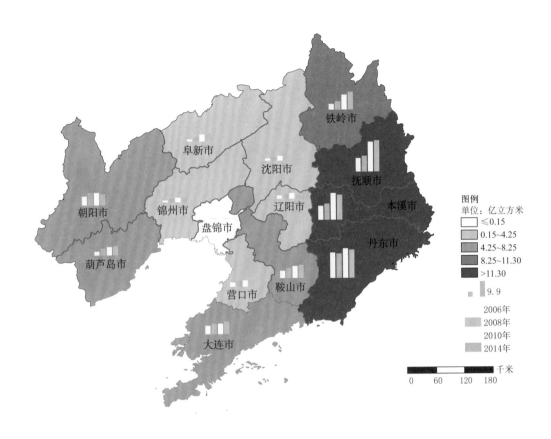

图 3-37    辽宁省各地市生态公益林"水库"分布

后减少的变化趋势。柞树涵养水源量为最大，这主要与柞树组的分布面积有关，面积因子是影响涵养水源功能的重要指标（图 3-38）。

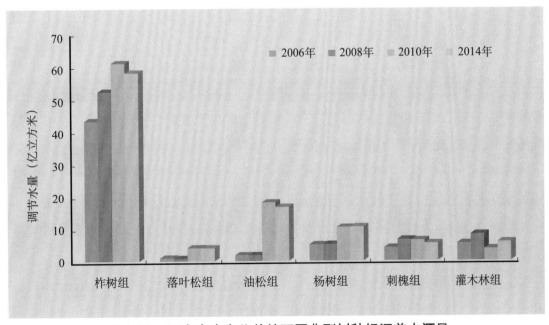

图 3-38    辽宁省生态公益林不同典型树种组涵养水源量

## 二、保育土壤功能

### （一）固土功能

辽宁全省第四次土壤侵蚀遥感普查结果显示，年均水土流失总量为1.18亿吨。从图3-39可以看出，2006、2008、2010和2014年辽宁省生态公益林固土物质量分别相当于全省第四次土壤侵蚀调查结果（1.18亿吨）的0.81、1.04、1.05和1.12倍。从评估的结果可知，辽宁省生态公益林固土作用显著，在保持水土方面发挥着重要的作用。全省的生态公益林有效地减少了辽宁省水土流失，在维护全省水土资源安全上发挥着重要的作用。

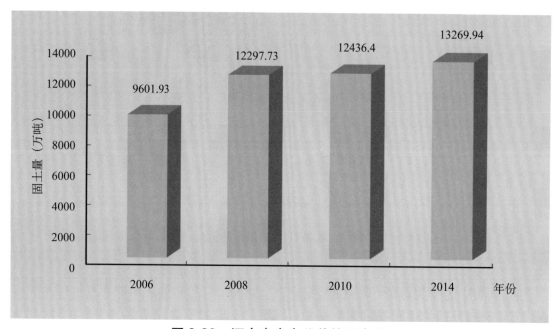

**图 3-39　辽宁省生态公益林固土量**

（1）不同地市固土功能。辽宁省不同地市生态公益林固土量以抚顺、丹东和朝阳市为最大，以沈阳、辽阳和盘锦市为最小。从2006～2014年，不同地市固土量均呈现增加的变化趋势，朝阳、大连和葫芦岛市生态公益林固土增长量最大，分别为843.13万、423.75万和518.06万吨；以辽阳、沈阳和盘锦市增长量最小，分别为50.06万、23.01万和1.99万吨（图3-40）。朝阳市生态公益林固土量较大，这可能是因为朝阳市位于辽宁省西北部，水土流失相对较为严重，为了更好地治理水土流失，改善当地生态环境，朝阳市大量营造了以水土保持效益为主的生态林，这部分营造林又大都被划归为生态公益林，从而使得朝阳市生态公益林固土量较大。

（2）不同典型树种组固土功能。辽宁省生态公益林6个典型树种组固土量以柞树组为最大，以落叶松组的为最小。落叶松组、刺槐组和灌木林组固土量呈现出先增加后减少的变化趋势，柞树组呈现出先增加后减少再增加的变化趋势，油松组和杨树组固土量

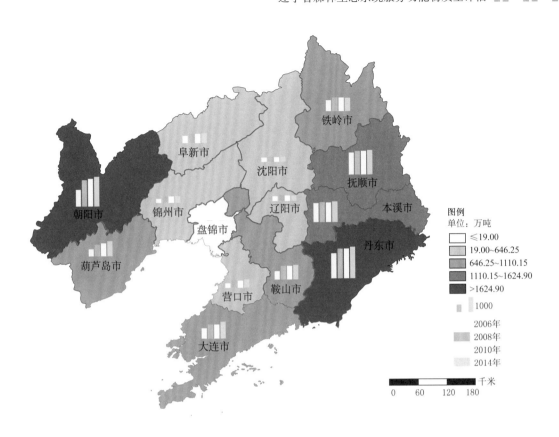

图 3-40　辽宁省各地市生态公益林固土量分布

呈现出逐渐增加的变化趋势。固土量以栎树组为最大，这主要与栎树组的分布面积有关
（图 3-41）。

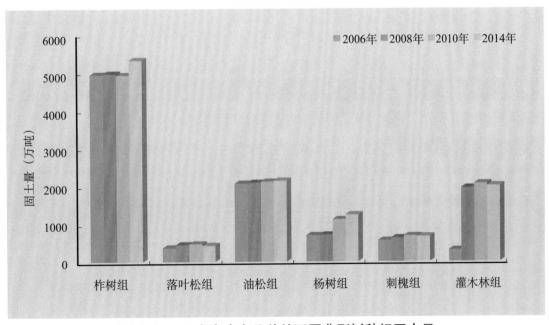

图 3-41　辽宁省生态公益林不同典型树种组固土量

（二）保肥功能

1. 固氮量

辽宁省生态公益林固氮量呈逐渐增加的变化趋势，从 2006～2014 年，辽宁省生态公益林固氮量增加了 8.14 万吨，增长率为 32.82%。

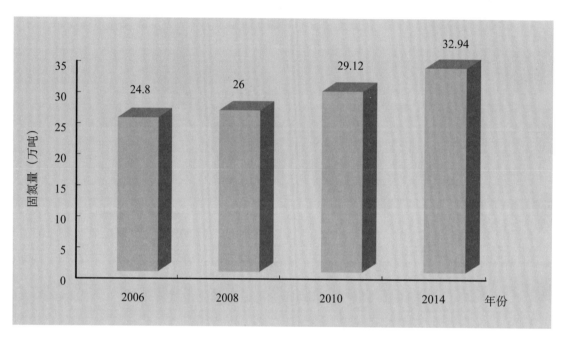

**图 3-42　辽宁省生态公益林固氮量**

（1）各地市固氮量。辽宁省各地市生态公益林固氮量以丹东、朝阳和本溪市为最大，以沈阳、锦州市为最小。从 2006～2014 年，不同地市固氮量均呈现增加的变化趋势，以丹东、朝阳和葫芦岛生态公益林固氮增长量最大，分别为 1.20 万、1.59 万和 1.07 万吨；以辽阳、沈阳增长量最小，分别为 0.14 万、0.16 万吨（图 3-43）。

（2）不同典型树种组固氮量。辽宁省生态公益林 6 个典型树种组固氮量以柞树组最大，以落叶松组为最小。落叶松组和刺槐组固氮量呈现出先增加后减少的变化趋势，柞树组和灌木林组呈现出逐渐增加的变化，油松组和杨树组呈现出先减少后增加的变化。

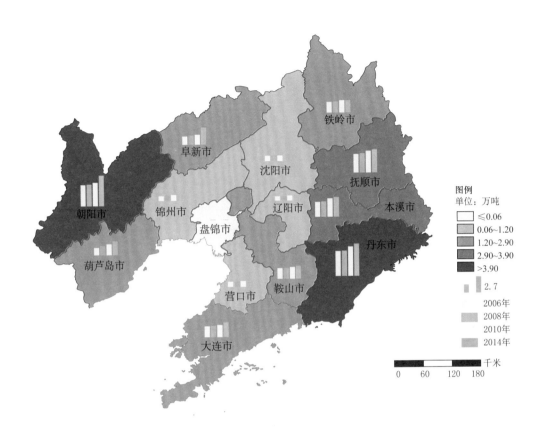

图 3-43　辽宁省各地市生态公益林固氮量分布

**2. 固磷量**

辽宁省生态公益林固磷量呈逐渐增加的变化趋势，从 2006 ～ 2014 年，辽宁省生态公益林固磷量增加了 6.84 万吨，增长率为 55.75%。

（1）各地市固磷量。辽宁省各地市生态公益林固磷量以丹东、抚顺和本溪市为最大，以沈阳、锦州和盘锦市为最小。从 2006 ～ 2014 年，不同地市固磷量均呈现增加的变化趋势，丹东、抚顺和朝阳市生态公益林固磷增长量最大，分别为 1.21 万、0.82 万和 1.17 万吨；以沈阳、锦州和盘锦市增长量最小，分别为 0.02 万、0.15 万和 0.01 万吨。

（2）不同典型树种组固磷量。辽宁省生态公益林 6 个典型树种组固磷量以柞树组最大，不同树种组固磷量呈现出不规则的变化趋势。柞树组固磷量呈现先增加后减少再增加的变化趋势，落叶松组和刺槐组呈现先增加后减少的变化，油松组和杨树组呈现先减少后增加的变化，而灌木林组则呈现出一直增加的变化趋势（图 3-47）。

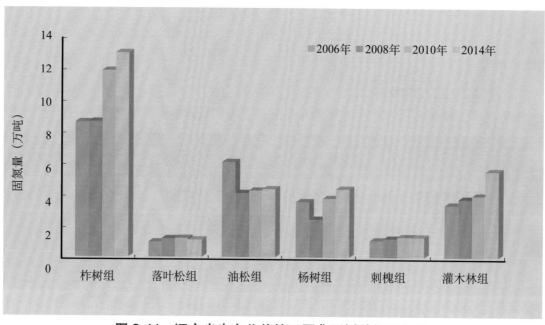

图 3-44　辽宁省生态公益林不同典型树种组固氮量

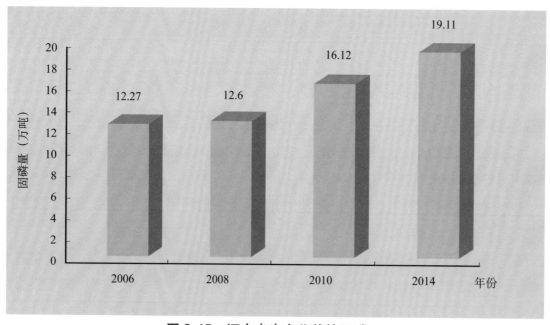

图 3-45　辽宁省生态公益林固磷量

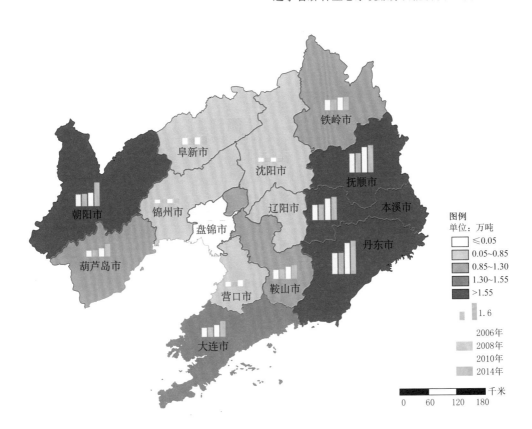

图 3-46 辽宁省各地市生态公益林固磷量分布

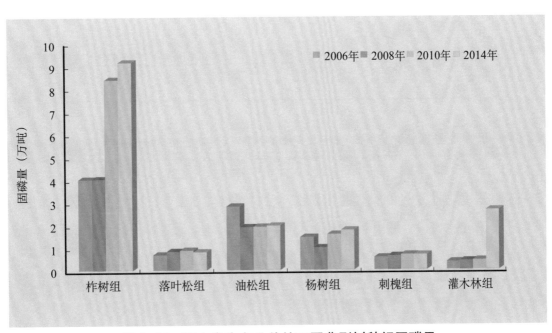

图 3-47 辽宁省生态公益林不同典型树种组固磷量

3. 固钾量

辽宁省生态公益林固钾量呈先增加后减少再增加的变化,从 2006～2014 年,生态公益林固钾量增加了 27.51 万吨,增长率为 12.67%(图 3-48)。

(1)各地市固钾量。辽宁省各地市生态公益林固钾量以丹东、抚顺和本溪市为最大,以辽阳、沈阳和盘锦市为最小。从 2006～2014 年,不同地市固钾量变化差异性较强,丹东、抚顺等城市出现减少的变化;朝阳、葫芦岛等城市出现增加的变化趋势,并以朝阳、葫芦岛和阜新市增长量最大,分别为 18.09 万、6.99 万和 3.07 万吨(图 3-49)。

(2)不同典型树种组固钾量。辽宁省生态公益林 6 个典型树种组固钾量以柞树组最大,不同树种组固钾量呈现出不规则的变化趋势。柞树组固钾量出现先增加后减少再增加的变化趋势,落叶松组和刺槐组呈现先增加后减少的变化,油松组和杨树组呈现先减少后增加的变化,而灌木林组则呈现出一直增加的变化趋势(图 3-50)。

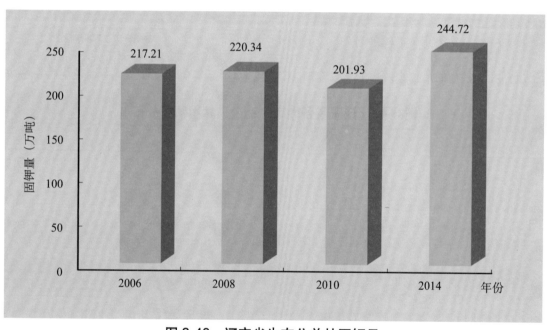

图 3-48　辽宁省生态公益林固钾量

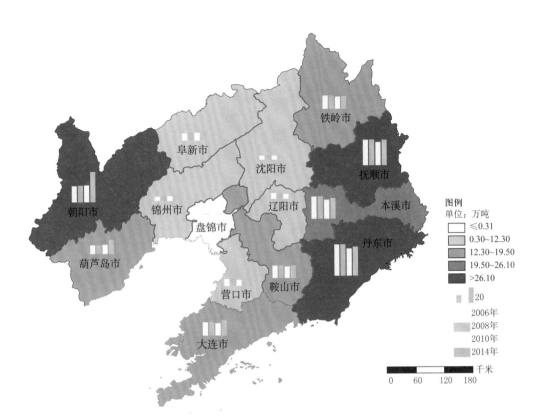

图 3-49　辽宁省各地市生态公益林固钾量分布

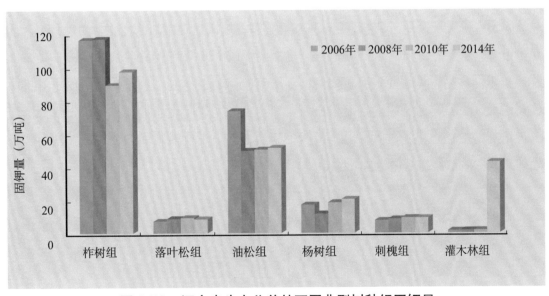

图 3-50　辽宁省生态公益林不同典型树种组固钾量

### 4. 固定有机质量

辽宁省生态公益林固定有机质量呈逐渐增加的变化趋势，从 2006 ～ 2014 年，生态公益林固定有机质量增加了 391.25 万吨，增长率为 73.09%（图 3-51）。

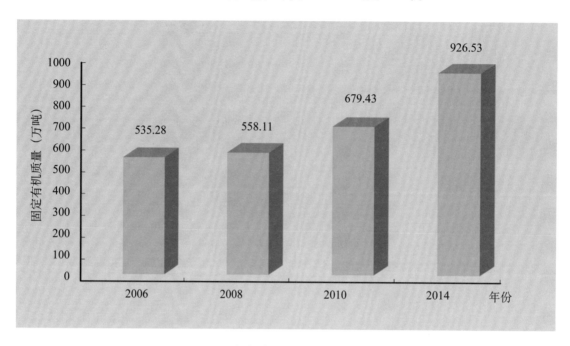

**图 3-51　辽宁省生态公益林固定有机质量**

（1）各地市固定有机质量。辽宁省各地市生态公益林固定有机质量以丹东、朝阳和抚顺市为最大，以营口、沈阳和盘锦市为最小。从 2006 ～ 2014 年，本溪、鞍山等城市生态公益林固定有机质量出现减少的变化；丹东、抚顺等城市出现增加的变化，并以丹东、朝阳和沈阳市增长量最大，分别为 230.19 万、73.85 万和 20.70 万吨（图 3-52）。

（2）不同典型树种组固定有机质量。辽宁省生态公益林 6 个典型树种组固定有机质量以柞树组最大，不同树种组固定有机质量呈现出不规则的变化趋势，柞树组出现先增加后减少再增加的变化趋势，落叶松组、刺槐组和灌木组呈现逐渐增加的变化，油松组和杨树组呈现先减少后增加的变化趋势（图 3-53）。

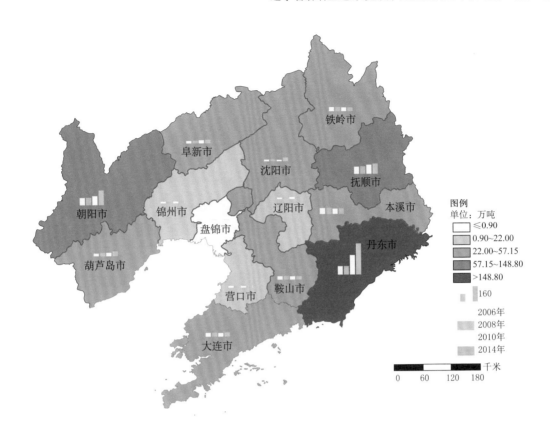

图 3-52 辽宁省各地市生态公益林固定有机质量分布

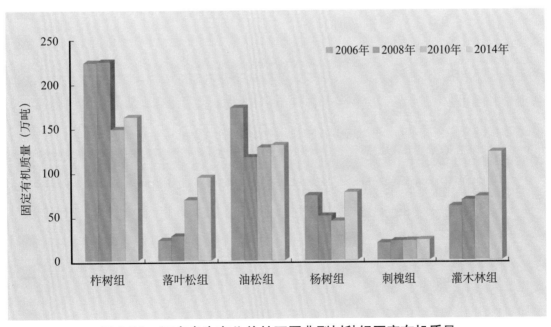

图 3-53 辽宁省生态公益林不同典型树种组固定有机质量

### 三、固碳释氧功能

#### 1.固碳功能

辽宁省生态公益林固碳量呈现逐渐增加的趋势，从 2006 ~ 2014 年，辽宁省生态公益林固碳量增加了 342.88 万吨，增长率为 50.76%。2006、2008、2010 和 2014 年生态公益林固碳量分别相当于 2014 年辽宁省全年碳排放量（9145.36 万吨）的 7.39%、7.64%、10.06% 和 11.14%，可以看出，辽宁省生态公益林固碳效益显著（图 3-54）。

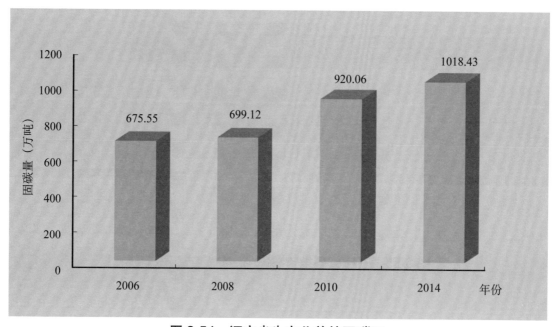

**图 3-54　辽宁省生态公益林固碳量**

（1）各地市固碳量。从 2006 ~ 2014 年，各地市生态公益林固碳量均呈现增加的变化趋势，并以丹东、抚顺和本溪市生态公益林固碳增长量最大，分别为 60.23 万、43.41 万和 44.00 万吨（图 3-55）。

（2）不同典型树种组固碳量。辽宁省生态公益林 6 个典型树种组固碳量以柞树组最大，不同树种组固碳量呈现出不规则的变化趋势，除落叶松组呈现出先增加后减少的变化趋势，其他 5 个树种组均呈现出逐渐增加的变化，并以 2014 年评估值为最大（图 3-56）。

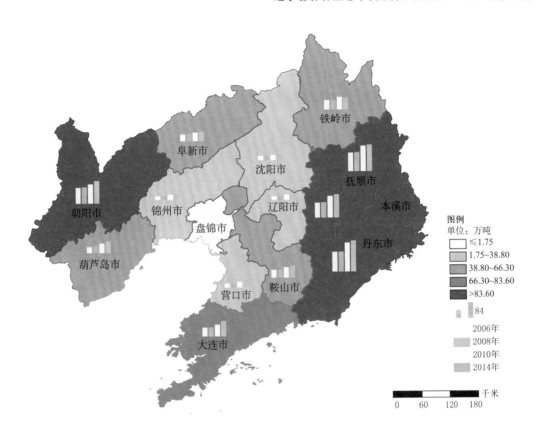

图 3-55　辽宁省各地市生态公益林"碳库"分布

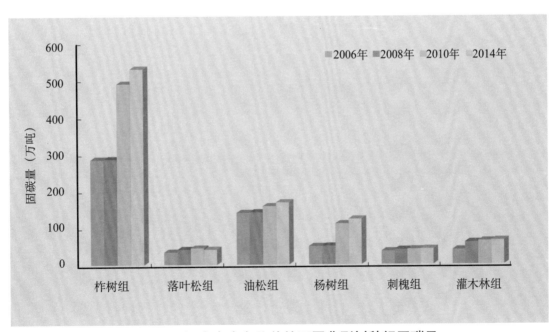

图 3-56　辽宁省生态公益林不同典型树种组固碳量

2. 释氧功能

辽宁省生态公益林释氧量呈现逐渐增加的趋势，从 2006 ~ 2014 年，生态公益林释氧量增加了 851.74 万吨，增长率为 56.74%（图 3-57）。

（1）各地市释氧量。从 2006 ~ 2014 年，不同地市生态公益林释氧量均呈现增加的变化趋势，并以丹东、抚顺和本溪市生态公益林释氧增长量最大，分别为 157.55 万吨、112.98 万吨

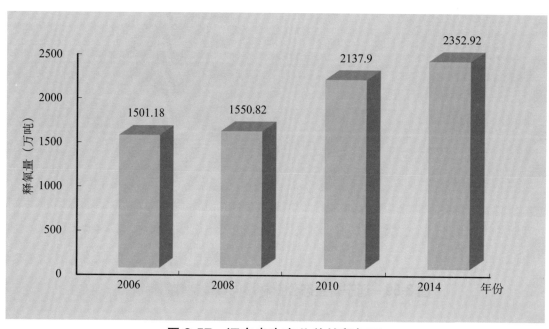

图 3-57　辽宁省生态公益林释氧量

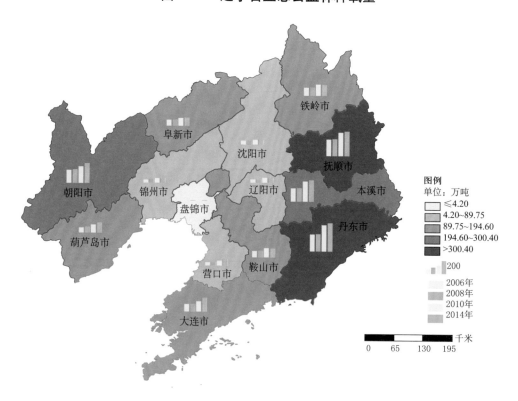

图 3-58　辽宁省各地市生态公益林释氧量分布

和 115.81 万吨（图 3-58）。

（2）不同典型树种组释氧量。辽宁省生态公益林 6 个典型树种组释氧量以柞树组最大，不同树种组释氧量呈现出不规则的变化趋势，除落叶松组呈现出先增加后减少的变化趋势，其他 5 个树种组均呈现出逐渐增加的变化，并以 2014 年评估值为最大（图 3-59）。

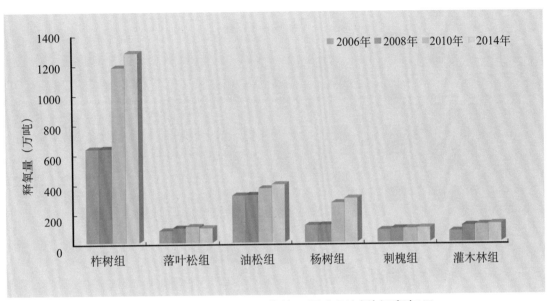

**图 3-59　辽宁省生态公益林不同典型树种组释氧量**

### 四、林木积累营养物质功能

辽宁省生态公益林林木积累营养物质量呈现逐渐增加的变化趋势，从 2006～2014 年，辽宁省生态公益林林木积累营养物质量增加了 9.99 万吨，增长率为 46.97%（图 3-60）。

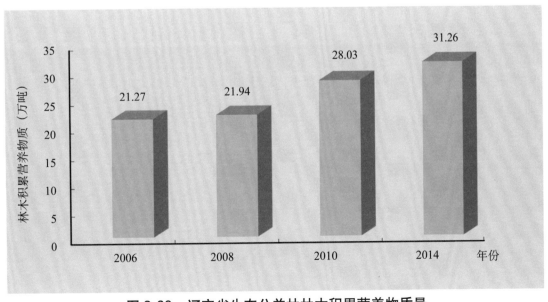

**图 3-60　辽宁省生态公益林林木积累营养物质量**

（1）各地市林木积累营养物质量。从 2006 ~ 2014 年，各地市生态公益林林木积累营养物质量均呈现增加的变化趋势，并以丹东、抚顺和本溪市增长量最大，分别为 1.71 万、1.29 万和 1.25 万吨（图 3-61）。

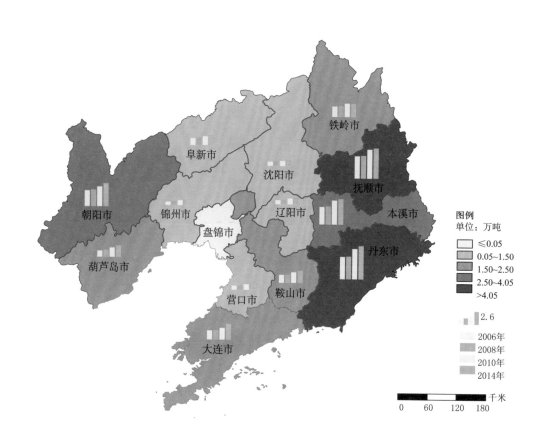

**图 3-61　辽宁省各地市生态公益林林木积累营养物质量分布**

（2）不同典型树种组林木积累营养物质量。辽宁省生态公益林 6 个典型树种组林木积累营养物质量以柞树组最大，不同树种组林木积累营养物质量除落叶松组呈现出先增加后减少的变化趋势，其他 5 个树种组均呈现出逐渐增加的变化，并以 2014 年评估值为最大（图 3-62）。

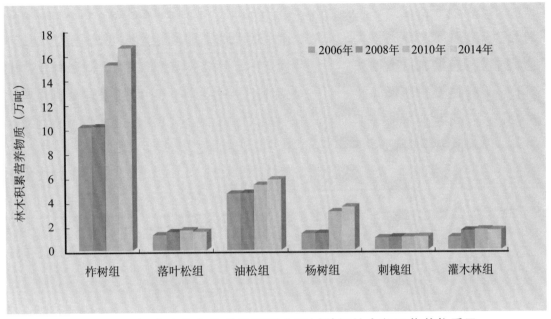

图 3-62　辽宁省生态公益林不同典型树种组林木积累营养物质量

## 五、净化大气环境功能

### 1. 提供负离子

辽宁省生态公益林提供负离子量出现先增加后减少再增加的波动变化趋势，从 2006 ~ 2014 年，辽宁省生态公益林提供负离子量减少了 $0.33 \times 10^{20}$ 个（图 3-63）。

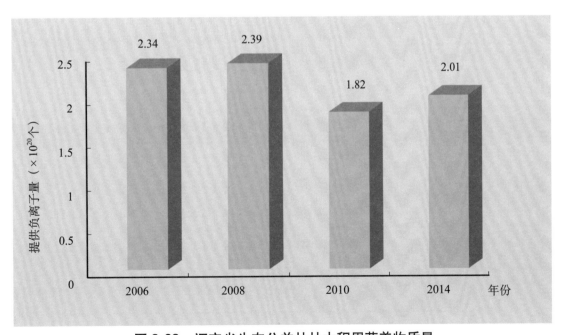

图 3-63　辽宁省生态公益林林木积累营养物质量

（1）各地市提供负离子量。辽宁省各地市生态公益林提供负离子量以抚顺、丹东和朝阳市为最大，以营口、辽阳和盘锦市为最小。从 2006～2014 年，不同地市生态公益林提供负离子量呈现先增加后减少的变化趋势（图 3-64）。

（2）不同典型树种组提供负离子量。辽宁省生态公益林 6 个典型树种组提供负离子量以柞树组最大，不同树种组提供负离子量除灌木林组呈现出先增加后减少的变化趋势，其他 5 个树种组均呈现出逐渐增加的变化，并以 2014 年评估值为最大（图 3-65）。

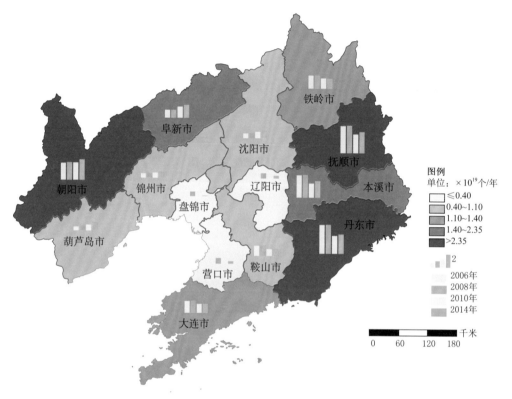

**图 3-64　辽宁省各地市生态公益林提供负离子量分布**

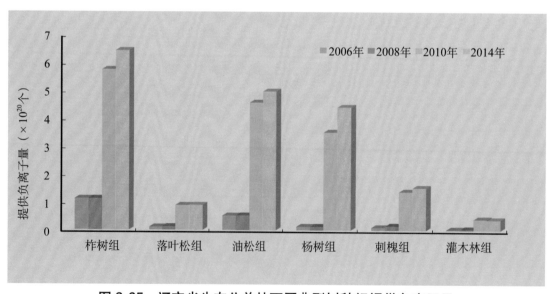

**图 3-65　辽宁省生态公益林不同典型树种组提供负离子量**

2. 吸收污染物

辽宁省生态公益林吸收污染物量出现先增加后减少的变化趋势，从 2006～2014 年，辽宁省生态公益林吸收污染物量增加了 0.21 万吨，增长率为 0.52%（图 3-66）。

（1）各地市吸收污染物量。辽宁省各地市生态公益林吸收污染物量以丹东、抚顺和本溪市为最大，以辽阳、沈阳和盘锦市为最小。从 2006～2014 年，各地市生态公益林吸收污染物量的变化趋势不同，抚顺、大连和鞍山等城市吸收污染物量呈现出先增加后减少的变化；丹东、本溪和葫芦岛等城市呈现出逐渐增加的变化趋势（图 3-67）。

（2）不同典型树种组吸收污染物量。辽宁省生态公益林 6 个典型树种组吸收污染物量以柞树组和油松组为最大。落叶松组、刺槐组和灌木林组吸收污染物量呈现出先增加后减少的变化趋势；而柞树组、油松组和杨树组呈现出逐渐增加的变化，并以 2014 年评估值为最大（图 3-68）。

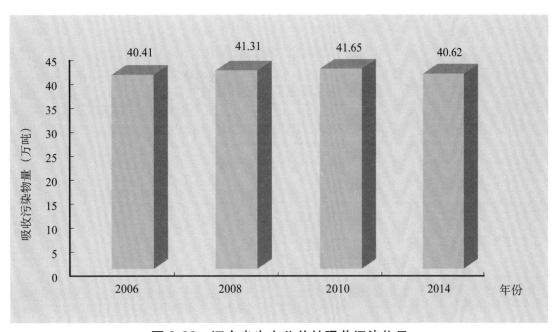

**图 3-66 辽宁省生态公益林吸收污染物量**

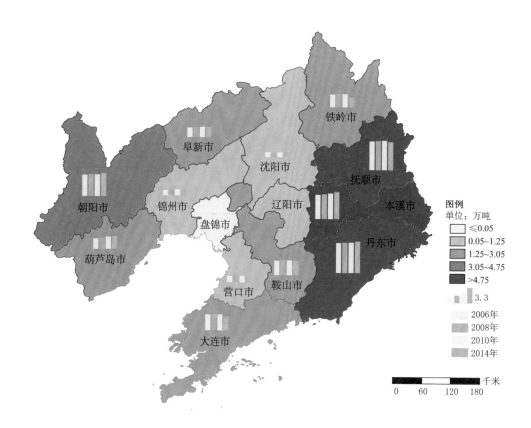

**图 3-67　辽宁省各地市生态公益林吸收污染物量分布**

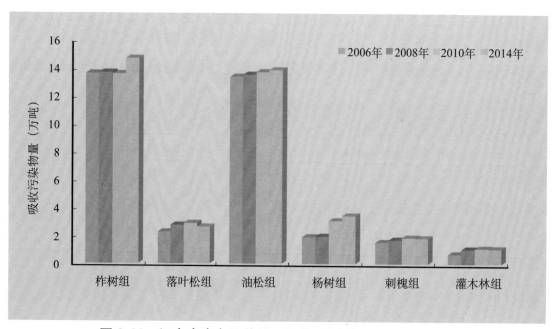

**图 3-68　辽宁省生态公益林不同典型树种组吸收污染物量**

3. 滞　尘

辽宁省生态公益林滞尘量呈现逐渐增的变化趋势，从 2006 ~ 2014 年，滞尘量增加了 61.37 亿千克，增长率为 11.98%（图 3-69）。

（1）各地市滞尘量。辽宁省各地市生态公益林滞尘量以朝阳、抚顺和丹东市为最大，以辽阳、沈阳和盘锦市为最小。从 2006 ~ 2014 年，各地市生态公益林滞尘量的变化趋势不同，朝阳、抚顺和丹东等城市滞尘量呈现出逐渐增加的变化；铁岭、辽阳等城市呈现出先增加后减少的变化趋势（图 3-70）。

（2）不同典型树种组滞尘量。辽宁省生态公益林 6 个典型树种组滞尘量以油松组为最大。落叶松组、刺槐组和灌木林组滞尘量呈现出先增加后减少的变化趋势；而柞树组、油松组和杨树组呈现出逐渐增加的变化，并以 2014 年评估值为最大（图 3-71）。

净化大气环境功能总体呈现出油松等针叶林的功能较强，这除了与面积因子相关外，还与针叶类树种组自身的特性有关。针叶树种叶比表面积比较大，叶片表面有绒毛，且能够分泌黏性物质等，可以较好地吸收空气中的颗粒物和有害气体，或转化为无害的物质，或吸收到植物体内，减少空气中的有害物质，较好地起到净化大气环境的作用。

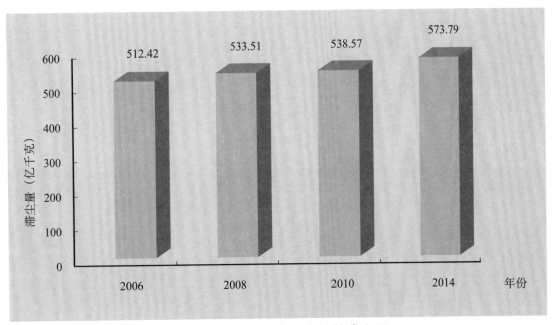

图 3-69　辽宁省生态公益林滞尘量

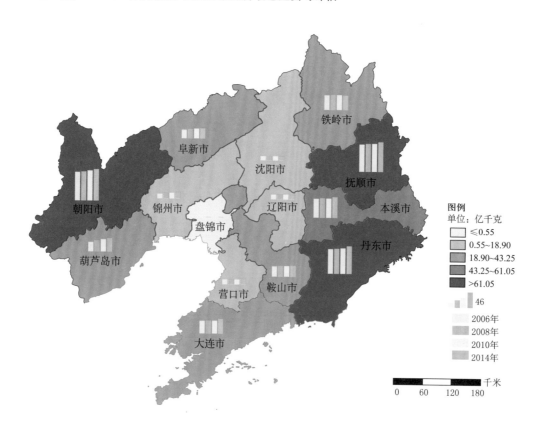

图 3-70　辽宁省各地市生态公益林滞尘量分布

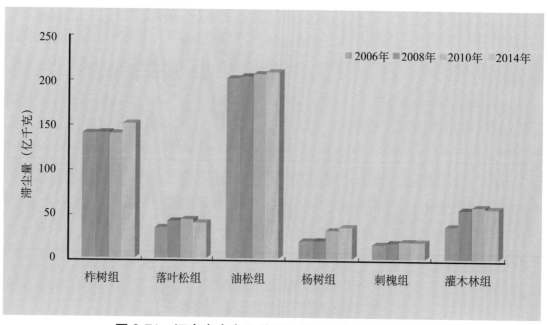

图 3-71　辽宁省生态公益林不同典型树种组滞尘量

# 第四章

# 辽宁省森林生态系统服务功能
# 价值量评估

采用分布式测算方法，主要从涵养水源、保育土壤、固碳释氧、林木积累营养物质、净化大气环境、生物多样性保护、森林防护和森林游憩8个方面对辽宁省的森林生态系统服务功能价值量进行评估。

## 第一节 辽宁省森林生态系统服务功能价值量评估结果

表4-1为2006～2014年辽宁省森林生态系统服务功能价值量，从表中可以看出，价值总量增加了2242.62亿元，各项功能价值量除了生物多样性保护略有波动外，其余各功能价值均呈现逐渐上升趋势，并以涵养水源价值增加量最大，为827.68亿元；林木积累营养物质功能增加最少，仅为32.66亿元。5次评估的辽宁省森林生态系统服务功能价值量大小排序一致，均为涵养水源＞生物多样性保护＞固碳释氧＞保育土壤＞净化大气环境＞林木积累营养物质＞森林游憩。

以2006年为例，辽宁省生产总值为9304.5亿元，工业产值为4017亿元（2007年辽宁统计年鉴），2006、2008、2010、2011和2014年评估的辽宁省森林生态系统服务功能价值量分别是辽宁省2006年生产总值的0.28、0.30、0.40、0.45和0.52倍，是工业生产总值的0.65、0.77、0.93、1.04和1.20倍。辽宁省森林蕴育着巨大的自然财富，反映了林业在全省经济社会发展中的重要作用，为绿色发展提供了重要的物质基础。自然资源市场的不断发展，森林资源在国民财富中将占据越来越重要的位置。随着辽宁省生态建设与保护力度的不断加大，森林资源总量不断增加、质量不断提升，森林生态服务功能进一步增强，在改善生态环境、防灾减灾、提升人居生活质量方面产生了显著的正效益。森林的生态系统服务功能的价值要远高于其向人类直接提供的木材和林产品等的价值。

表 4-1 2006～2014 年辽宁省森林生态系统服务功能总价值量

| 评估指标 | 2006年<br>(亿元/年) | 比例 (%) | 2008年<br>(亿元/年) | 比例 (%) | 2010年<br>(亿元/年) | 比例 (%) | 2011年<br>(亿元/年) | 比例 (%) | 2014年<br>(亿元/年) | 比例 (%) |
|---|---|---|---|---|---|---|---|---|---|---|
| 涵养水源 | 897.69 | 34.64 | 1162.75 | 37.75 | 1625.23 | 43.65 | 1695.65 | 41.85 | 1725.37 | 35.69 |
| 保育土壤 | 320.18 | 12.36 | 349.69 | 11.35 | 362.72 | 9.74 | 428.51 | 10.57 | 449.88 | 9.31 |
| 固碳释氧 | 409.58 | 15.80 | 422.19 | 13.71 | 585.28 | 15.72 | 636.74 | 15.71 | 668.79 | 13.83 |
| 林木积累营养物质 | 57.65 | 2.22 | 59.06 | 1.92 | 77.16 | 2.07 | 85.21 | 2.10 | 90.31 | 1.87 |
| 净化大气环境 | 145.72 | 5.62 | 151.11 | 4.91 | 155.57 | 4.18 | 167.03 | 4.12 | 485.01 | 10.03 |
| 生物多样性保护 | 742.53 | 28.65 | 808.44 | 26.24 | 786.18 | 21.11 | 904.53 | 22.32 | 949.07 | 19.63 |
| 森林防护 | - | - | 103.30 | 3.35 | 104.51 | 2.81 | 105.31 | 2.60 | 110.69 | 2.29 |
| 森林游憩 | 18.37 | 0.71 | 23.66 | 0.77 | 26.83 | 0.72 | 165.07 | 0.73 | 355.22 | 7.35 |
| 总价值 | 2591.72 | 100.00 | 3080.20 | 100.00 | 3723.48 | 100.00 | 4188.05 | 100.00 | 4834.34 | 100.00 |

注："—"表示 2006 年没有进行森林防护的相关评估。

## 一、涵养水源价值

森林能够涵养水源，是一座天然的"绿色水库"。森林的绿色水库功能主要是指森林具有的蓄水、调节径流、缓洪补枯和净化水质等功能。以2014年为例，辽宁省洪涝等自然灾害造成的直接经济损失为169.60亿元（国家统计年鉴，2015），2006、2008、2010、2011和2014年辽宁省森林生态系统涵养水源价值分别是其5.29、6.86、9.58、10.00和10.17倍。由此可以看出，辽宁省森林生态系统涵养水源、调节径流的作用较强。森林生态系统在防止水土流失、抵御洪灾、泥石流等自然灾害等方面具有不可替代的重要作用，是维护国土生态安全以及防灾减灾的重要措施和手段。

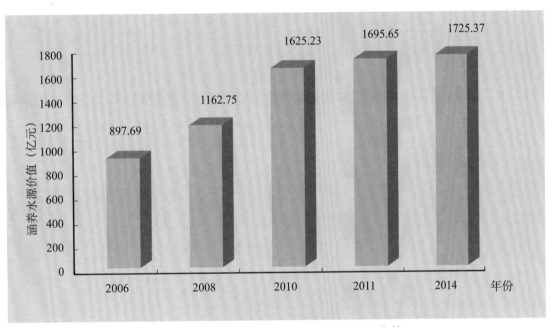

**图 4-1　辽宁省森林生态系统涵养水源价值量**

## 二、保育土壤价值

《辽宁省水土保持规划（2016～2030年)》（以下简称《规划》）指出辽宁省水土保持工作要坚持预防为主、保护优先，全面规划、因地制宜，注重自然恢复，突出综合治理，强化监督管理，创新体制机制，充分发挥水土保持的生态、经济和社会效益，实现水土资源可持续利用，为保护和改善生态环境、加快生态文明建设、推动经济社会持续健康发展提供重要支撑。《规划》为辽宁全省水土资源可持续利用及经济社会可持续发展提供支撑和保障。辽宁省森林生态系统保育土壤价值呈现出逐渐增加的趋势，森林生态系统保育土壤价值越来越大，保育土壤的功能越来越强，必将在辽宁省的水土保持规划中发挥重要的作用。

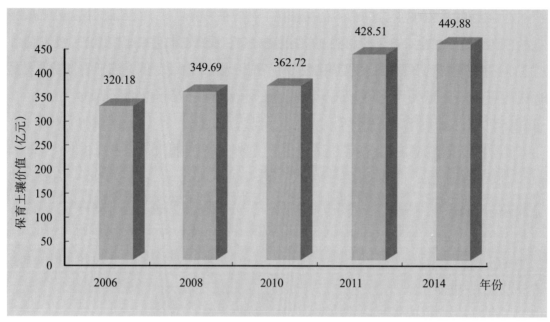

图 4-2　辽宁省森林生态系统保育土壤价值量

### 三、固碳释氧价值

从图 4-3 可以看出，辽宁省森林生态系统固碳释氧价值呈现出逐渐增加的变化趋势。辽宁省作为一个能源消费大省，近年来能源消费总量持续增长，结构比较单一，供需矛盾突出（Li Fujia，2014）。2014 年辽宁省能源消费结构中煤炭占 62.10%、石油占 28.20%、天然

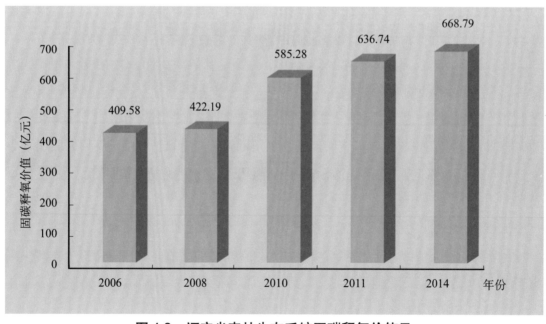

图 4-3　辽宁省森林生态系统固碳释氧价值量

气占 5.40%、水电占 1.60%，煤炭在终端能源消费中依然扮演着主要角色（辽宁省统计局，2015）。从各种能源消费来看，煤炭和石油这两种能源排放的 $CO_2$ 量占排放总量的 80% 以上。发展林业碳汇项目，是促进碳吸收的一项重要措施，最大限度地充分发挥森林碳汇作用尤显必要。

### 四、林木积累营养物质价值

从图 4-4 可以看出，辽宁省森林生态系统林木积累营养物质价值量呈现出一直增加的趋势。林木积累营养物质功能可以使土壤中部分营养元素暂时地保存在植物体内，在之后的生命循环中再归还到土壤，这样可以暂时降低因为水土流失而带来的养分元素的损失；而一旦土壤养分元素损失就会带来土壤贫瘠化，若想再保持土壤原有的肥力水平，就需要向土壤中通过人为的方式输入养分，而这又会带来一系列的问题和灾害（Tan et al.,2005）。因此，林木营养物质积累能够很好地固持土壤的营养元素，维持土壤肥力和活性，对林地的健康具有重要的作用。

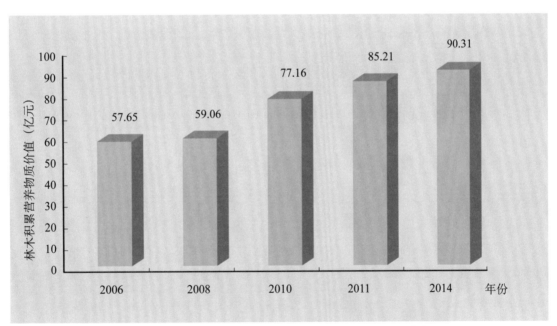

图 4-4　辽宁省森林生态系统林木积累营养物质价值量

### 五、净化大气环境价值

从图 4-5 可以看出，辽宁省森林生态系统净化大气环境的价值量呈现出递减趋势，并在 2014 年评估时出现陡然增加的变化。这是因为在 2014 年计算净化大气环境的服务功能时，单独核算了森林滞纳 $PM_{10}$ 和 $PM_{2.5}$ 的价值。$PM_{2.5}$ 这种可入肺的细颗粒物，以其粒径小，富含有害物质多，在空气中停留时间长，可远距离输送，因而对人体健康和大气环境质量的影响更大（Li et al., 2010）。本次研究采用健康损失法测算了由于 $PM_{10}$ 和 $PM_{2.5}$ 的存在对人

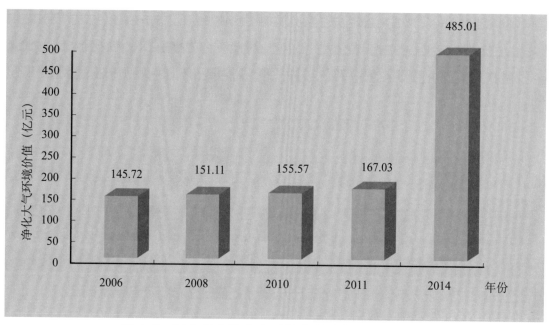

**图 4-5　辽宁省森林生态系统净化大气环境价值量**

体健康造成的损伤，用损失的健康价值替代 $PM_{10}$ 和 $PM_{2.5}$ 带来的危害，从而使得评估的净化大气环境的价值量出现陡然增加的变化。

### 六、生物多样性保护价值

近年来，生物多样性保护日益受到国际社会的高度重视，将其视为生态安全和粮食安全的重要保障，提高到人类赖以生存的条件和经济社会可持续发展基础的战略高度来认识。对我国来说，在建设生态文明、美丽中国的时代背景下，保护生物多样性已超越其物质层面的意义，更承载着人民对美好生活环境的期待、对历史责任的担当，是建设生态文明的客观要求。生物多样性保护是指森林生态系统为生物物种提供生存与繁衍的场所，从而对其起到保育作用的功能，其价值是森林生态系统在物种保育中作用的量化。一般而言，生物多样性丰富的地方往往也是山清水秀、鸟语花香、生态良好的地方。通过保护生物多样性，不断改善生态环境和宜居条件，让地球生机勃勃，这是提高生态文明水平的必由之路。生物多样性是人类赖以生存的条件，是经济社会可持续发展的基础，关系到当代及子孙后代的福祉。

从图 4-6 可以看出，辽宁省森林生态系统生物多样性保护价值量呈现出先增加后减少再增加的趋势。森林生态系统不仅具有涵养水源、保持水土、净化大气环境等功能，同时也具有为野生动物提供优越的生存环境的能力，从而维系着森林生态系统的完整与稳定，并产生良好的生态效益。

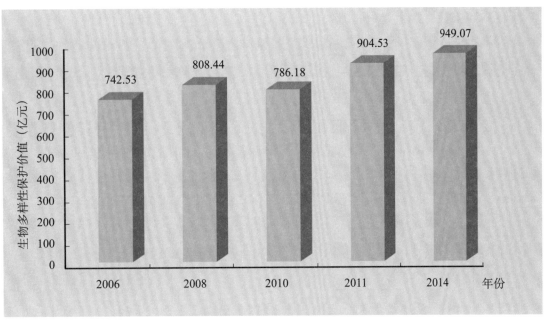

图 4-6　辽宁省森林生态系统生物多样性保护价值量

## 七、森林防护价值

从图 4-7 可以看出，辽宁省森林生态系统森林防护价值呈现出逐渐增加的变化趋势，本研究未进行 2006 年森林防护功能的价值核算，森林防护价值呈现出以 2008 年最低，以 2014 年最大的变化。

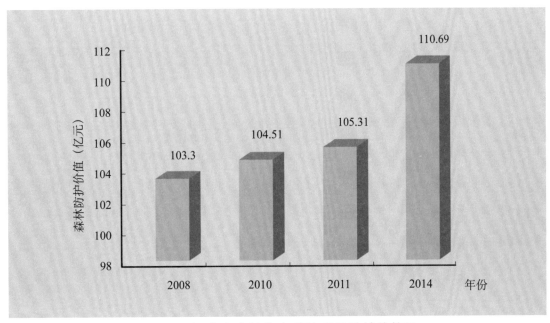

图 4-7　辽宁省森林生态系统森林防护价值量

### 八、森林游憩价值

从图 4-8 可以看出，辽宁省森林生态系统森林游憩价值量呈现出一直增加的变化趋势。由于辽宁省历史悠久，文化底蕴浓厚，旅游资源丰富，旅游业相对发达，旅游人次逐渐增多，收入逐渐提高。2006、2008、2010、2011 和 2014 年辽宁省森林游憩价值量为分别占到 2016 年辽宁省旅游总收入（4225 亿元）的 0.43%、0.56%、0.64%、3.91% 和 8.41%。从 5 次评估的辽宁省森林游憩价值量与 2016 年辽宁省旅游总收入的比值也可以看出，辽宁省森林游憩价值呈现出一直增加的变化趋势，并且增加的幅度越来越大。

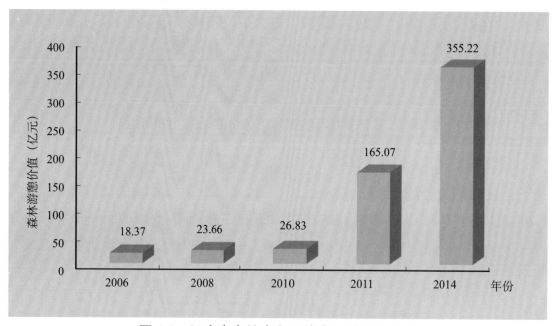

**图 4-8　辽宁省森林生态系统森林游憩价值量**

## 第二节　各地市森林生态系统服务功能价值量评估结果

采用分布式测算方法分别对辽宁省 2006、2008、2010、2011 和 2014 年的森林生态系统服务功能进行测算。根据生态参数、森林资源基础数据、辽宁省社会公共数据等，运用相关的模型、软件等对每个测算单元进行运算，得出辽宁省不同地市不同年份森林生态系统服务功能价值量评估结果。

### 一、涵养水源价值

在 2006 ~ 2014 年辽宁省各地市森林生态系统涵养水源价值量中，以抚顺、铁岭和本溪市增加幅度最大，分别为 185.38 亿、122.65 亿和 119.75 亿元，增长率分别为 155.29%、239.32% 和 96.88%；以营口、辽阳和盘锦市增加幅度最小，分别为 25.17 亿、21.92 亿和 1.25

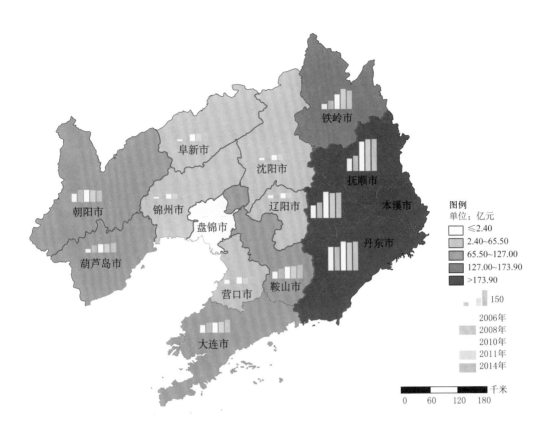

图4-9　辽宁省各地市森林生态系统"水库"价值量分布

亿元，增长率分别为64.92%、73.68%和106.84%（图4-9）。

为了更好地治理辽河，改善水质，自2002～2006年，辽宁省筹资近40亿元，在辽河流域建设污水处理厂20座，特别是2006年，投入7.27亿元，新建成污水处理厂8座，依托污水处理设施，实施全流域联动，全方位治理，使得辽河流域水体污染得到有效遏制，水质总体上保持稳定。大连市从2001年起，斥资10亿元利用5年时间共建成11座污水处理厂，日处理污水64万吨，占城市用水量的70%以上。2006、2008、2010、2011和2014年辽宁省森林生态系统涵养水源价值量分别是2002～2006年辽河流域建设污水处理厂总投资的22.44、29.07、40.63、42.39和43.13倍，是2006年辽河污水处理总投资的123.48、159.94、223.55、233.24和237.33倍，是大连市2001～2006年大连市污水处理投资的89.77、116.28、162.52、169.57和172.54倍，由此可以看出辽宁省森林生态系统涵养水源价值量显著。一般而言，建设水利设施用以拦截水流、增加贮备是人们采用最多的工程方法，但是建设水利等基础设施存在许多缺点，如占用大量的土地，改变了其土地利用方式，水利等基础设施存在使用年限等问题。森林蓄水的功能可以为河流带来源源不断的水源，形成涓涓细流，滋养着一方水土，所以说森林是一个健康、环保、可持续的蓄水工程。

## 二、保育土壤价值

2006～2014 年辽宁省各地市森林生态系统保育土壤价值量中，以丹东、朝阳和葫芦岛市增加幅度最大，分别增加了 26.09 亿、32.25 亿和 14.52 亿元，增长率分别为 46.49%、91.44% 和 90.41%；以辽阳、沈阳和盘锦市增加幅度最小，增长量分别为 1.83 亿、2.52 亿和 0.09 亿元，增长率分别为 18.25%、25.93% 和 16.36%（图 4-10）。《辽宁省水土保持规划（2016～2030 年）》中指出水土保持是生态文明建设的重要内容，而森林生态系统保育土壤价值量越来越高，必将在未来辽宁省水土保持规划中起到积极作用。

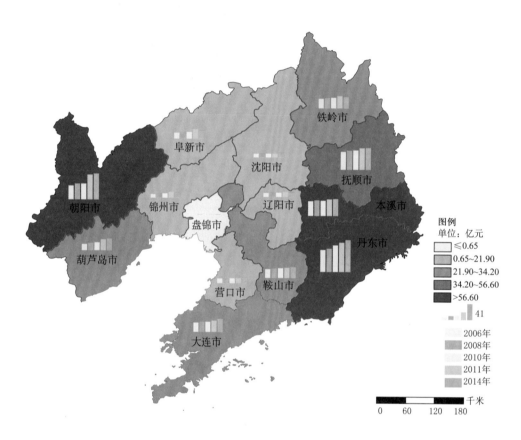

图 4-10　辽宁省各地市森林生态系统保育土壤价值量分布

## 三、固碳释氧价值

在 2006～2014 年辽宁省各地市森林生态系统固碳释氧价值量中，以丹东、抚顺和本溪市增加幅度最大，分别增加了 46.85 亿、34.58 亿和 34.50 亿元，增长率分别为 71.96%、54.94% 和 68.96%；以沈阳、锦州和盘锦市增加幅度最小，分别为 2.84 亿、6.66 亿和 0.43 亿元，增长率分别为 19.41%、54.68% 和 57.33%（图 4-11）。

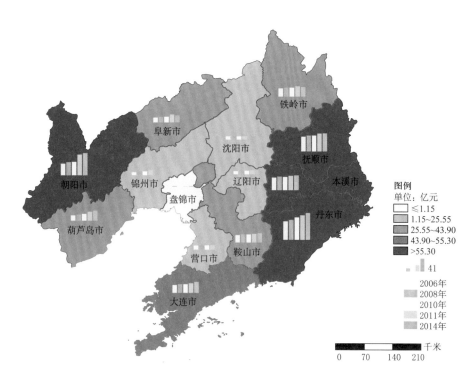

图 4-11　辽宁省各地市森林生态系统"碳库"价值量分布

## 四、林木积累营养物质价值

在 2006 ～ 2014 年辽宁省各地市森林生态系统林木积累营养物质价值量中，以丹东、抚顺和本溪市增加幅度最大，分别增加了 5.45 亿、4.20 亿和 4.04 亿元，增长率分别为

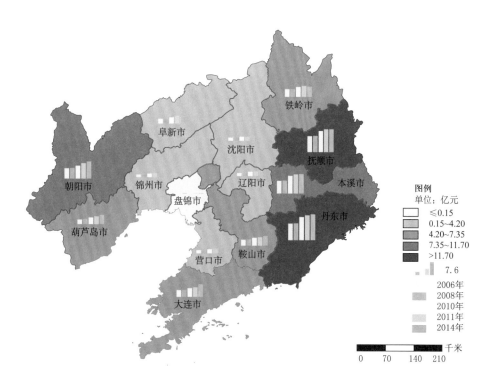

图 4-12　辽宁省各地市森林生态系统林木积累营养物质价值量分布

55.39%、44.68% 和 52.81%；以沈阳、锦州和盘锦市增加幅度最小，增长量分别为 0.55 亿、0.82 亿和 0.06 亿元，增长率分别为 30.05%、53.25% 和 66.67%（图 4-12）。林木积累营养物质功能可以使土壤中部分营养元素暂时的保存在植物体内，在之后的生命循环中再归还到土壤，这样可以暂时降低因为水土流失而带来的养分元素的损失。因此，林木营养物质积累能够很好地固持土壤的营养元素，维持土壤肥力和活性，对林地的健康具有重要的作用。

## 五、净化大气环境价值

2006 ～ 2014 年辽宁省各地市森林生态系统净化大气环境价值量中，以抚顺、丹东和本溪市增加幅度最大，分别为 57.37 亿、67.42 亿和 44.55 亿元，增长率分别为 249.87%、325.54% 和 280.90%；以辽阳、沈阳和盘锦市增加幅度最小，增长量分别为 7.57 亿、5.56 亿和 0.19 亿元，增长率分别为 190.20%、149.46% 和 126.67%（图 4-13）。森林可以起到吸附、吸收及阻止污染物扩散的作用，一方面植被通过叶片吸收大气中的有害物质，降低大气有害物质的浓度；另一方面植被能使某些有害物质在体内分解，转化为无害物质后代谢利用（张维康，2015）。森林生态系统净化大气环境功能即林木通过自身的生长过程，从空气中吸收污染气体，在体内经过一系列的转化过程，将吸收的污染气体降解后排出体外或者

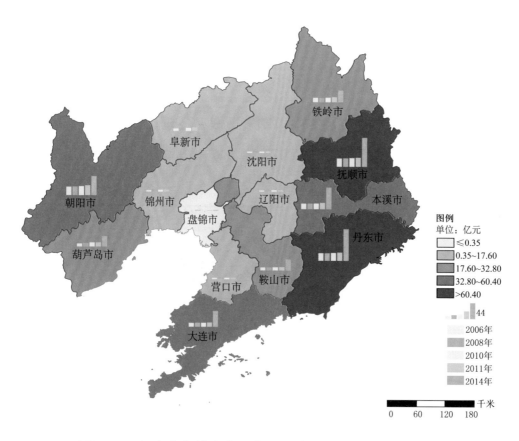

图 4-13　辽宁省各地市森林生态系统净化大气环境价值量分布

储存在体内；其次，林木通过林冠层的作用，加速颗粒物的沉降或者吸附滞纳在叶片表面，进而起到净化大气环境的作用，极大地降低了空气污染物对于人体的危害（Kamoi，2014）。从《2014 年辽宁省环境状况公报》可知，2014 年全省环保产业总产值达 1343 亿元。2006、2008、2010、2011 和 2014 年辽宁省森林生态系统净化大气环境价值量为分别是 2014 年辽宁省环保产业总产值的 10.85%、11.25%、11.58%、12.44% 和 36.11%，由此可以看出，辽宁省森林净化大气环境功能的重要性。

### 六、生物多样性保护价值

2006 ～ 2014 年辽宁省各地市森林生态系统生物多样性保护价值量中，以朝阳、大连和葫芦岛市增加幅度最大，分别增加了 41.59 亿、26.54 亿和 31.79 亿元，增长率分别为 59.72%、47.07% 和 88.70%；以鞍山、辽阳和盘锦市增加幅度最小，增长量分别为 1.61 亿、2.46 亿和 0.05 亿元，增长率分别为 3.55%、9.41% 和 5.15%（图 4-14）。习近平总书记强调，建设生态文明，关系人民福祉，关系民族未来，必须树立尊重自然、顺应自然、保护自然的生态文明理念，要实施重大生态修复工程，增强生态产品生产能力，保护生物多样性。李克强总理要求，加强生物多样性保护和科学合理利用，提高生态文明水平和可持续发展

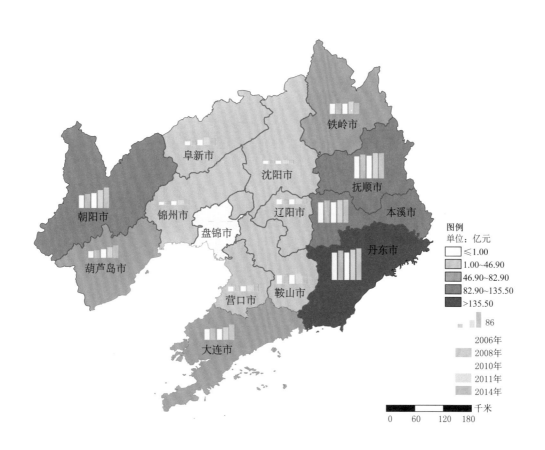

图 4-14　辽宁省各地市森林生态系统"基因库"价值量分布

能力。我国是生物多样性最丰富的国家之一，近年来深入实施《中国生物多样性保护战略与行动计划》和《联合国生物多样性十年中国行动方案》，生物多样性保护工作取得积极进展。辽宁省地处东北、华北、蒙新三大动物区系和长白、华北、蒙古三大植物区系的交汇地带，野生动植物资源丰富，是世界性濒危鸟类丹顶鹤繁殖的最南限、白鹤的最大迁徙停歇地、黑脸琵鹭在国内的唯一繁殖地和黑嘴鸥的最大繁殖地，世界珍稀濒危植物双蕊兰唯一的基因保存地。辽宁省森林生态系统具有丰富多样的动植物资源，而森林本身就是一个生物多样性极高的载体，为各级物种提供了丰富的食物来源、安全的栖息地，维持了物种的多样性。

## 七、森林防护价值

2008～2014年辽宁省各地市森林生态系统森林防护价值量中，以朝阳、大连和葫芦岛市增加幅度最大，分别为1.95亿、1.34亿和1.16亿元，增长率分别为17.41%、18.66%和22.48%；以锦州市增加幅度最小，仅为0.10亿元，增长率为3.38%（图4-15）。森林防护价值以朝阳市为最大，这与朝阳市所处的地理位置以及当地的森林生态位需求有关。朝阳市

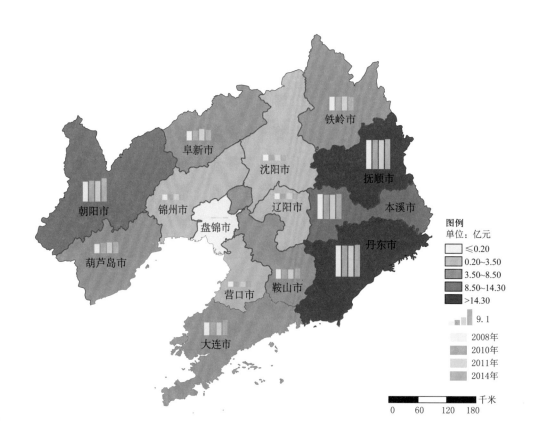

**图4-15 辽宁省各地市森林生态系统森林防护价值量分布**

注：本次研究未进行2006年森林防护的核算

地处辽西北地区，是风沙侵蚀比较严重的区域之一，朝阳市森林生态系统较好地发挥着防风固沙，保护农田、城镇等作用，减少沙尘的侵害，为当地筑起一道绿色的防护城墙。

## 八、森林游憩价值

2006～2014年辽宁省各地市森林生态系统森林游憩价值量中，以抚顺、丹东和朝阳市增加幅度最大，分别增加了52.14亿、54.98亿和40.28亿元，增长率分别为17.80%、17.29%和21.09%；以锦州、辽阳和盘锦市增加幅度最小，分别为9.29亿、9.27亿和0.62亿元，增长率分别为17.87%、16.47%和20.67%（图4-16）。

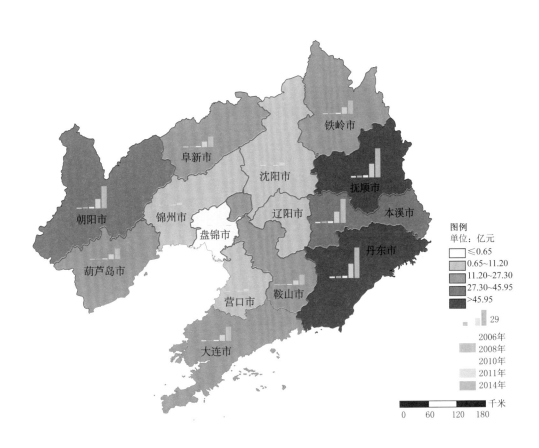

图4-16　辽宁省各地市森林生态系统森林游憩价值量分布

## 第三节　不同优势树种组生态系统服务功能价值量评估结果

本章主要选择柞树组、落叶松组、油松组、杨树组、刺槐组和灌木林组等6个典型树种组，进行生态服务功能价值量的动态变化分析。选取的6个典型树种组的生态系统服务功能价值量详见表4-2。

表4-2　2006～2014年不同典型树种组生态系统服务功能价值量（亿元）

| 不同树种组 | 年份 | 涵养水源 | 保育土壤 | 固碳释氧 | 积累营养物质 | 净化大气环境 | 生物多样性保护 | 森林防护 |
|---|---|---|---|---|---|---|---|---|
| 落叶松组 | 2006 | 84.87 | 30.27 | 38.72 | 5.45 | 13.78 | 70.20 | - |
| | 2008 | 112.88 | 33.95 | 40.99 | 5.73 | 14.67 | 78.48 | 10.03 |
| | 2010 | 156.76 | 34.98 | 56.45 | 7.44 | 15.00 | 75.83 | 10.08 |
| | 2011 | 163.97 | 41.44 | 61.57 | 8.24 | 16.15 | 87.47 | 10.18 |
| | 2014 | 173.53 | 45.25 | 67.26 | 9.08 | 48.78 | 95.45 | 11.13 |
| 油松组 | 2006 | 108.07 | 38.55 | 49.31 | 6.94 | 17.54 | 89.39 | - |
| | 2008 | 138.63 | 41.69 | 50.34 | 7.04 | 18.02 | 96.39 | 12.32 |
| | 2010 | 192.34 | 42.93 | 69.27 | 9.13 | 18.41 | 93.04 | 12.37 |
| | 2011 | 199.58 | 50.44 | 74.94 | 10.03 | 19.66 | 106.46 | 12.39 |
| | 2014 | 201.01 | 52.41 | 77.91 | 10.52 | 56.50 | 110.57 | 12.90 |
| 柞树组 | 2006 | 283.91 | 101.26 | 129.54 | 18.23 | 46.09 | 234.84 | - |
| | 2008 | 363.66 | 109.37 | 132.04 | 18.47 | 47.26 | 252.84 | 32.31 |
| | 2010 | 498.88 | 111.34 | 179.66 | 23.69 | 47.75 | 241.33 | 32.08 |
| | 2011 | 513.97 | 129.89 | 193.00 | 25.83 | 50.63 | 274.18 | 31.92 |
| | 2014 | 556.29 | 145.05 | 215.63 | 29.12 | 156.38 | 306.00 | 35.69 |
| 刺槐组 | 2006 | 49.16 | 17.53 | 22.43 | 3.16 | 7.98 | 40.66 | - |
| | 2008 | 65.03 | 19.56 | 23.61 | 3.30 | 8.45 | 45.22 | 5.78 |
| | 2010 | 99.71 | 22.25 | 35.91 | 4.73 | 9.54 | 48.23 | 6.41 |
| | 2011 | 105.70 | 26.71 | 39.69 | 5.31 | 10.41 | 56.38 | 6.56 |
| | 2014 | 106.58 | 27.79 | 41.31 | 5.58 | 29.96 | 58.63 | 6.84 |
| 杨树组 | 2006 | 73.23 | 26.12 | 33.41 | 4.70 | 11.89 | 60.58 | - |
| | 2008 | 93.64 | 28.16 | 34.00 | 4.76 | 12.17 | 65.11 | 8.32 |
| | 2010 | 142.06 | 31.71 | 51.16 | 6.74 | 13.60 | 68.72 | 9.14 |
| | 2011 | 152.00 | 38.41 | 57.08 | 7.64 | 14.97 | 81.08 | 9.44 |
| | 2014 | 146.38 | 38.17 | 56.74 | 7.66 | 41.15 | 80.52 | 9.39 |
| 灌木林组 | 2006 | 89.72 | 32.00 | 40.94 | 5.76 | 14.56 | 74.21 | - |
| | 2008 | 114.20 | 34.34 | 41.47 | 5.80 | 14.84 | 79.40 | 10.15 |
| | 2010 | 154.48 | 34.48 | 55.63 | 7.33 | 14.79 | 74.73 | 9.93 |
| | 2011 | 174.38 | 44.07 | 65.48 | 8.76 | 17.18 | 93.02 | 10.83 |
| | 2014 | 162.59 | 42.39 | 63.02 | 8.51 | 45.70 | 89.43 | 10.43 |

注：本次研究未进行2006年森林防护的核算。

## 一、涵养水源价值

辽宁省不同典型树种组涵养水源价值量如图 4-17 所示，在 5 次评估中，均以柞树组为最大，刺槐组为最小；6 个典型树种组虽然有个别年份会出现减少的变化趋势，但总体仍呈现出递增的变化趋势（图 4-17）。

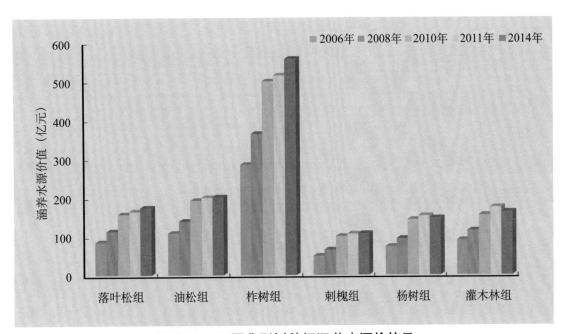

**图 4-17　不同典型树种组涵养水源价值量**

将 5 次评估的涵养水源价值量数据，以相邻评估期作为间隔，得出每两期评估的涵养水源价值量变化。由表 4-3 可以看出，从 2006 ~ 2014 年选取的各树种组的涵养水源价值量均不同程度的增加，以柞树组的增加量为最大，刺槐组增加量为最小。

**表 4-3　2006 ~ 2014 年不同典型树种组涵养水源价值变化量**（亿元）

| 年份 | 落叶松组 | 油松组 | 柞树组 | 刺槐组 | 杨树组 | 灌木林组 |
|---|---|---|---|---|---|---|
| 2006~2008 | 28.01 | 30.56 | 79.74 | 15.87 | 20.41 | 24.48 |
| 2008~2010 | 43.88 | 53.71 | 135.22 | 34.68 | 48.42 | 40.28 |
| 2010~2011 | 7.22 | 7.23 | 15.09 | 5.99 | 9.94 | 19.90 |
| 2011~2014 | 9.56 | 1.43 | 42.32 | 0.89 | -5.62 | -11.79 |
| 2006~2014 | 88.67 | 92.93 | 272.38 | 57.42 | 73.15 | 72.87 |

## 二、保育土壤价值

选取的不同典型树种组保育土壤价值量如图 4-18 所示，评估结果均以柞树组为最大，以刺槐组为最小。杨树组和灌木林组保育土壤价值量呈现出先增加后减少的变化趋势，落叶松组、油松组、柞树组和刺槐组呈现出逐渐增加的变化趋势。2017 年，辽宁省十二届人大常委会第三十八次会议分组审议辽宁省人大常委会执法检查组关于检查辽宁省贯彻实施《辽宁省水土保持条例》情况的报告中指出，水土保持是国家可持续发展战略的重要内容，是我国生态文明建设的重要组成部分。《辽宁省水土保持条例》颁布实施以来，全省各地结合实际，陆续制定出台了配套的法规和规范性文件，为依法行政提供了依据。投入省级以上专项资金 10.35 亿元，完成水土流失治理面积 1401 平方千米，生态效益、经济效益、社会效益显著。落叶松组、油松组、柞树组、刺槐组、杨树组和灌木林组 2006 年保育土壤价值量是 2017 年辽宁省水土保持专项投资的 2.92、3.72、9.78、1.69、2.52 和 3.09 倍，2008 年是其 3.28、4.03、10.57、1.89、2.72 和 3.32 倍，2010 年是其 3.38、4.15、10.76、2.15、3.06 和 3.33 倍，2011 年是其 4.00、4.87、12.55、2.58、3.71 和 4.26 倍，2014 年是其 4.37、5.06、14.01、2.69、3.69 和 4.10 倍。从不同树种组保育土壤价值量与 2017 年辽宁省水土保持专项投资的比值可以看出，辽宁省不同树种组保育土壤价值量逐渐升高（图 4-18）。

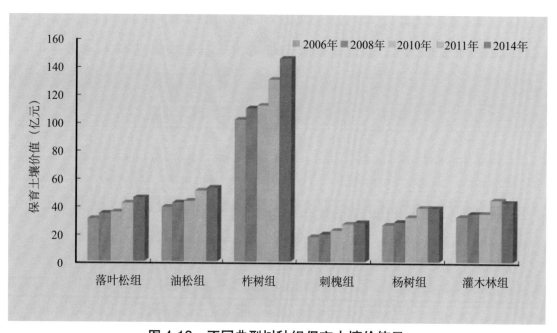

**图 4-18　不同典型树种组保育土壤价值量**

将 5 次评估的保育土壤价值量数据，以相邻评估期作为间隔，得出每两期评估的保育土壤价值量变化。由表 4-4 可知，从 2006 ~ 2014 年选取的各树种组的保育土壤价值量均不同程度的增加，以柞树组增加量最大，刺槐组增加量最小。

表 4-4　2006 ～ 2014 年辽宁省不同典型树种组保育土壤价值变化量（亿元）

| 年份 | 落叶松组 | 油松组 | 柞树组 | 刺槐组 | 杨树组 | 灌木林组 |
|---|---|---|---|---|---|---|
| 2006～2008 | 3.68 | 3.15 | 8.10 | 2.02 | 2.04 | 2.34 |
| 2008～2010 | 1.04 | 1.23 | 1.97 | 2.69 | 3.54 | 0.13 |
| 2010～2011 | 6.45 | 7.51 | 18.55 | 4.46 | 6.71 | 9.59 |
| 2011～2014 | 3.81 | 1.98 | 15.16 | 1.08 | -0.24 | -1.67 |
| 2006～2014 | 14.98 | 13.86 | 43.79 | 10.26 | 12.05 | 10.39 |

### 三、固碳释氧价值

辽宁省不同典型树种组固碳释氧价值量如图 4-19 所示，在 5 次评估中，均以柞树组为最大，以刺槐组为最小。选取的 6 个典型树种组，杨树组和灌木林组呈现出先增加后减少的变化，其他几个树种组均是呈现出递增的变化趋势。

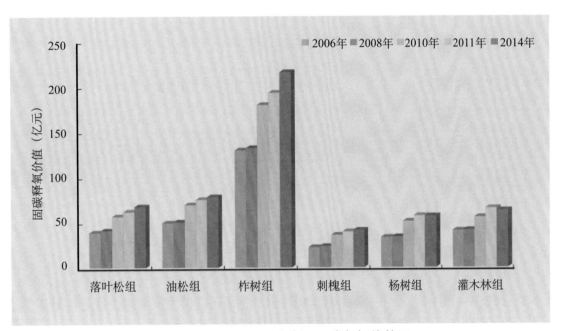

图 4-19　不同典型树种组固碳释氧价值量

将 5 次评估的固碳释氧价值量数据，以相邻评估期作为间隔，得出每两期评估的固碳释氧价值量变化。由表 4-5 可知，从 2006 ～ 2014 年选取的各树种组的固碳释氧价值量均不同程度的增加，以柞树组增加量最大，刺槐组增加量最小。

表 4-5　2006 ～ 2014 年辽宁省不同典型树种组固碳释氧功能价值变化量（亿元）

| 年份 | 落叶松组 | 油松组 | 柞树组 | 刺槐组 | 杨树组 | 灌木林组 |
|---|---|---|---|---|---|---|
| 2006～2008 | 2.26 | 1.03 | 2.50 | 1.18 | 0.59 | 0.53 |
| 2008～2010 | 15.47 | 18.93 | 47.62 | 12.29 | 17.16 | 14.16 |
| 2010～2011 | 5.12 | 5.68 | 13.35 | 3.78 | 5.92 | 9.85 |
| 2011～2014 | 5.69 | 2.97 | 22.63 | 1.62 | -0.34 | -2.46 |
| 2006～2014 | 28.54 | 28.61 | 86.09 | 18.88 | 23.33 | 22.09 |

#### 四、林木积累营养物质价值

辽宁省不同典型树种组林木积累营养物质价值量如图 4-20 所示。在 5 次评估中，均以柞树组为最大，刺槐组为最小。选取的 6 个典型树种组，虽然有个别年份的评估值会小于前期的评估值，但总体呈现出递增的趋势。

将 5 次评估的林木积累营养物质价值量数据，以相邻评估期作为间隔，得出每两期评估价值量变化。由表 4-6 中可以看出，从 2006～2014 年选取的各树种组的林木积累营养物质价值量均不同程度的增加，以柞树组增加量最大，刺槐组增加量最小。

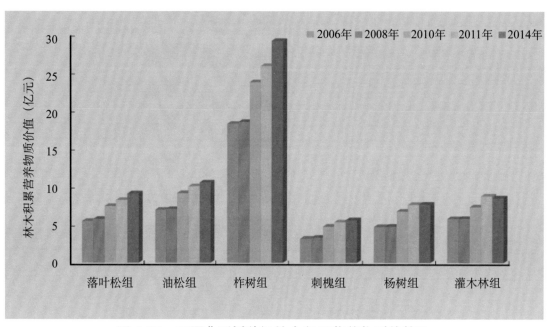

**图 4-20　不同典型树种组林木积累营养物质价值量**

**表 4-6　2006～2014 年辽宁省不同典型树种组林木积累营养物质功能价值变化量**（亿元）

| 年份 | 落叶松组 | 油松组 | 柞树组 | 刺槐组 | 杨树组 | 灌木林组 |
|---|---|---|---|---|---|---|
| 2006～2008 | 0.28 | 0.10 | 0.24 | 0.15 | 0.05 | 0.04 |
| 2008～2010 | 1.71 | 2.09 | 5.21 | 1.43 | 1.99 | 1.53 |
| 2010～2011 | 0.80 | 0.90 | 2.14 | 0.58 | 0.89 | 1.43 |
| 2011～2014 | 0.84 | 0.49 | 3.29 | 0.27 | 0.02 | -0.25 |
| 2006～2014 | 3.63 | 3.58 | 10.88 | 2.42 | 2.96 | 2.75 |

#### 五、净化大气环境价值

辽宁省不同典型树种组净化大气环境价值量如图 4-21 所示，在 5 次评估中，均以柞树组价值量为最大，刺槐组为最小，6 个典型树种组净化大气环境价值量均呈现出逐渐增加的趋势。本研究中净化大气环境的价值在2014年突然增加，这是因为在2014年的评估研究时，在计算净化大气环境的生态效益时，重点考虑了植被吸滞PM$_{2.5}$的价值，使得2014年评估的净化大气环境的价值最高。从2014年《辽宁省环境状况公报》可知，为有效治理空气污染问题，辽宁省出台了《辽宁省大气污染防治行动计划实施方案》和《关于推进蓝天工程的实施方案》，加快推进大气治污项目，推动重点行业提标改造。落叶松组、油松组、柞树组、刺槐组、杨树组和灌木林组等净化大气环境功能能够有效减少大气污染物，是辽宁省大气污染治理的重要措施之一，是辽宁省蓝天工程重要的保障和后盾。

将5次评估的净化大气环境价值量数据，以相邻评估期作为间隔，得出每两期评估的变化。由表4-7可以看出，从2006～2014年选取的6个树种组的净化大气环境价值量均不同程度的增加，以柞树组增加量为最大，刺槐组增加量最小。

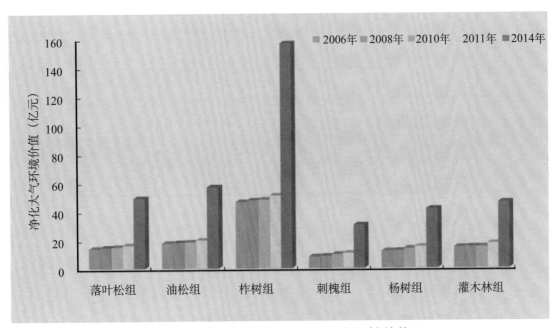

图 4-21　不同典型树种组净化大气环境价值量

表 4-7　2006～2014 年辽宁省不同典型树种组净化大气环境价值量（亿元）

| 年份 | 落叶松组 | 油松组 | 柞树组 | 刺槐组 | 杨树组 | 灌木林组 |
|---|---|---|---|---|---|---|
| 2006～2008 | 0.89 | 0.47 | 1.17 | 0.47 | 0.28 | 0.28 |
| 2008～2010 | 0.34 | 0.40 | 0.49 | 1.09 | 1.43 | -0.05 |
| 2010～2011 | 1.15 | 1.25 | 2.88 | 0.87 | 1.37 | 2.39 |
| 2011～2014 | 32.63 | 36.84 | 105.75 | 19.55 | 26.18 | 28.53 |
| 2006～2014 | 35.00 | 38.96 | 110.29 | 21.98 | 29.26 | 31.14 |

## 六、生物多样性保护价值

辽宁省不同典型树种组生物多样性保护价值量如图 4-22 所示，在评估中，均以柞树组价值量为最大，刺槐组为最小。选取的 6 个典型树种组的价值量虽然有个别年份的评估值会小于前期，但总体呈现出递增的趋势。

将 5 次评估的生物多样性保护价值量数据，以相邻评估期作为间隔，得出每两期评估的生物多样性保护价值量变化。由表 4-8 可以看出，从 2006 ~ 2014 年选取的 6 个典型树种组的生物多样性保护价值量均不同程度的增加，以柞树组的增加量为最大，灌木林组增加量最小。

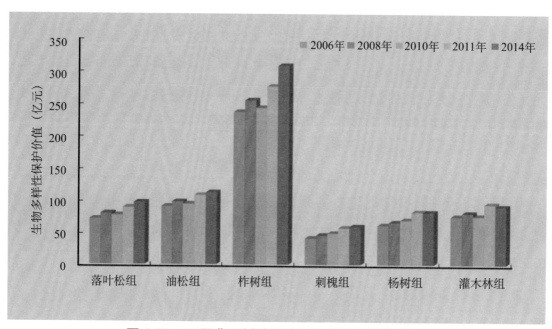

**图 4-22　不同典型树种组生物多样性保护价值量**

**表 4-8　2006 ~ 2014 年辽宁省不同典型树种组生物多样性保护价值量**（亿元）

| 年份 | 落叶松组 | 油松组 | 柞树组 | 刺槐组 | 杨树组 | 灌木林组 |
|---|---|---|---|---|---|---|
| 2006 ~ 2008 | 8.28 | 6.99 | 18.00 | 4.55 | 4.53 | 5.19 |
| 2008 ~ 2010 | -2.65 | -3.34 | -11.52 | 3.02 | 3.61 | -4.68 |
| 2010 ~ 2011 | 11.64 | 13.42 | 32.85 | 8.15 | 12.36 | 18.29 |
| 2011 ~ 2014 | 7.99 | 4.11 | 31.82 | 2.25 | -0.56 | -3.59 |
| 2006 ~ 2014 | 25.26 | 21.17 | 71.16 | 17.96 | 19.94 | 15.22 |

## 七、森林防护价值

辽宁省不同典型树种组森林防护价值量如图 4-23 所示，在 5 次评估中，均以柞树组价值量为最大，刺槐组为最小。本研究选取的 6 个典型树种组的价值量虽然有个别年份的评估值会小于前期，但总体呈现出递增的趋势。

将5次评估的森林防护价值量数据，以相邻评估期作为间隔，得出每两期评估的价值量变化。由表4-9可以看出，从2008～2014年选取的6个典型树种组的森林防护价值量均不同程度的增加，以柞树组增加量为最大，灌木林组增加量最小。

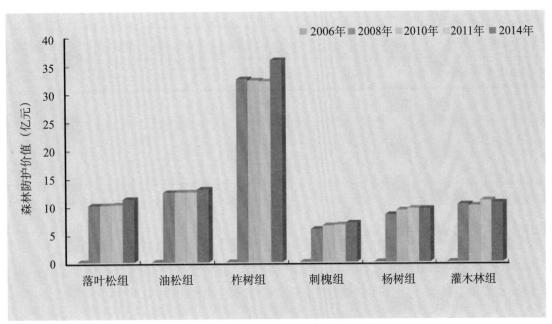

图 4-23　不同典型树种组森林防护价值量

表 4-9　2006～2014年辽宁省不同典型树种组森林防护价值量（亿元）

| 年份 | 落叶松组 | 油松组 | 柞树组 | 刺槐组 | 杨树组 | 灌木林组 |
|---|---|---|---|---|---|---|
| 2008～2010 | 0.05 | 0.05 | -0.23 | 0.63 | 0.82 | -0.21 |
| 2010～2011 | 0.10 | 0.03 | -0.16 | 0.15 | 0.30 | 0.90 |
| 2011～2014 | 0.95 | 0.50 | 3.77 | 0.27 | -0.05 | -0.40 |
| 2008～2014 | 1.10 | 0.58 | 3.38 | 1.06 | 1.07 | 0.28 |
| 2006～2014 | 25.26 | 21.17 | 71.16 | 17.96 | 19.94 | 15.22 |

## 第四节　生态公益林生态系统服务功能价值量评估结果

从表4-10中可以看出，辽宁省生态公益林在不同年份的价值量呈现出逐渐增加的变化趋势。从2006～2014年，辽宁省生态公益林生态服务功能价值量增加了1116.35亿元，增长率为76.32%。

**表 4-10  2006-2014 辽宁省生态公益林生态系统服务功能价值量**（亿元／年）

| 评估指标 | 2006年 | 2008年 | 2010年 | 2014年 |
|---|---|---|---|---|
| 涵养水源 | 506.66 | 658.12 | 900.21 | 920.48 |
| 保育土壤 | 180.71 | 197.92 | 200.91 | 240.01 |
| 固碳释氧 | 231.17 | 238.96 | 324.19 | 356.8 |
| 积累营养物质 | 32.54 | 33.43 | 42.74 | 48.18 |
| 净化大气环境 | 82.24 | 85.53 | 86.17 | 258.75 |
| 生物多样性保护 | 419.08 | 457.58 | 435.47 | 506.33 |
| 森林防护 | - | 58.47 | 57.89 | 59.05 |
| 总价值 | 1452.40 | 1730.01 | 2047.58 | 2389.60 |

## 一、涵养水源价值

从图 4-24 可以看出，4 次评估的辽宁省生态公益林涵养水源价值量呈现逐渐上升的趋势，从 2006 ~ 2014 年涵养水源价值量增加了 413.82 亿元，增长率为 81.68%。

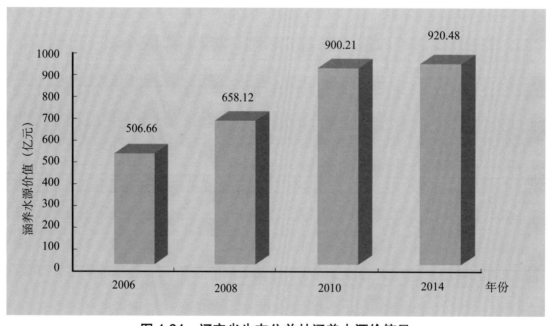

**图 4-24  辽宁省生态公益林涵养水源价值量**

1. 各地市生态公益林涵养水源价值量

辽宁省各地市生态公益林涵养水源价值量以抚顺、丹东和本溪市为最大，以沈阳、锦州和盘锦市为最小。从2006～2014年，各地市涵养水源价值量均呈现增加的变化趋势，抚顺、本溪和铁岭市生态公益林涵养水源价值增长最大，分别为95.21亿、60.06亿和63.85亿元；以朝阳、辽阳和盘锦市增长最小，分别为11.92亿、10.78亿和0.63亿元。抚顺、丹东和本溪市三个地市生态公益林的面积较大，使得这三个地市生态公益林涵养水源价值量较高（图4-25）。

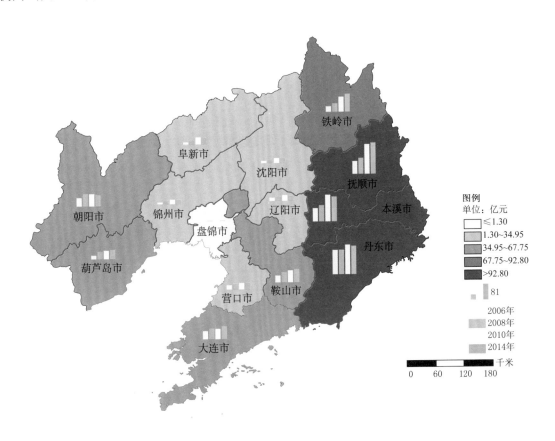

**图4-25 辽宁省各地市生态公益林"水库"价值量分布**

2. 生态公益林不同典型树种组涵养水源价值量

辽宁省生态公益林6个典型树种组涵养水源价值量以柞树组最大，以落叶松组为最小。落叶松组和刺槐组涵养水源量呈现出先增加后减少再增加的变化趋势，并以2010年的值为最大；柞树组、油松组、杨树组和灌木林组呈现出逐渐增加的变化趋势，并以2014年评估值为最大（图4-26）。

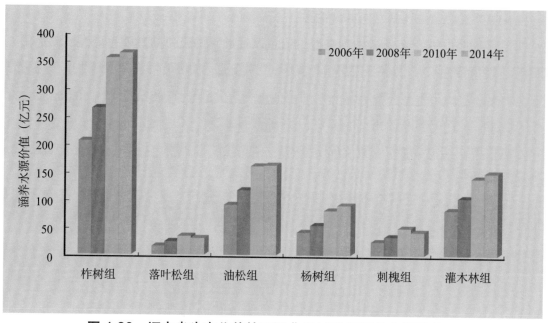

**图 4-26 辽宁省生态公益林不同典型树种组涵养水源价值量**

## 二、保育土壤价值

从图 4-27 可以看出，4 次评估的辽宁省生态公益林保育土壤价值量呈现逐渐上升的趋势，从 2006 ~ 2014 年保育土壤价值量增加了 59.30 亿元，增长率为 32.82%。

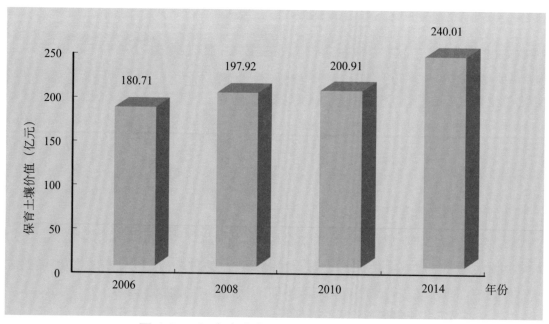

**图 4-27 辽宁省生态公益林保育土壤价值量**

1. 各地市生态公益林保育土壤价值量

辽宁省各地市生态公益林保育土壤价值量以丹东、抚顺和朝阳市为最大，以辽阳、沈阳和盘锦市为最小。从 2006 ~ 2014 年，各地市生态公益林保育土壤价值量均呈现增加的变化趋势，以丹东、朝阳和葫芦岛市生态公益林保育土壤价值增长最大，分别为 12.19 亿、16.11 亿和 7.25 亿元；以辽阳、沈阳和盘锦市增长量最小，分别为 0.67 亿、1.06 亿和 0.03 亿元。从 2006 ~ 2014 年，各地市的生态公益林保育土壤价值增长率也不同，以朝阳、葫芦岛和锦州市的增长率最大，分别为 80.91%、80.02% 和 49.70%；以本溪、铁岭和盘锦市的增长率最小，分别为 9.75%、9.68% 和 9.68%（图 4-28）。

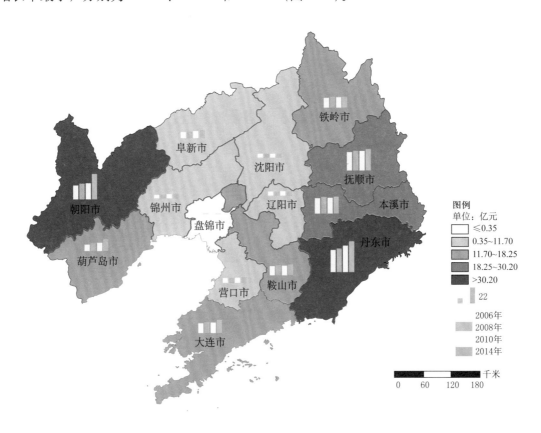

**图 4-28　辽宁省各地市生态公益林保育土壤价值量分布**

2. 生态公益林不同典型树种组保育土壤价值量

辽宁省生态公益林不同典型树种组保育土壤价值量以柞树组最大，以落叶松组为最小。不同树种组保育土壤价值量呈现出一直增加的变化趋势，并以 2014 年为最大。

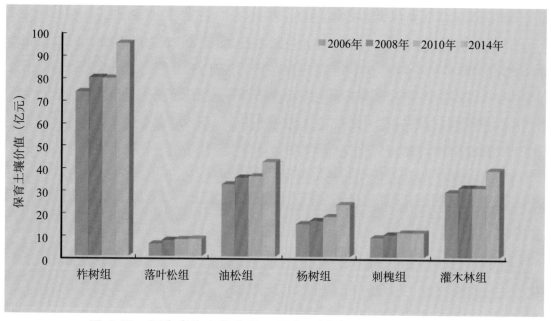

**图4-29　辽宁省生态公益林不同典型树种组保育土壤价值量**

### 三、固碳释氧价值

从图4-30可以看出，4次评估的辽宁省生态公益林固碳释氧价值量呈现逐渐上升的趋势，从2006～2014年固碳释氧价值量增加了125.63亿元，增长率为54.35%。

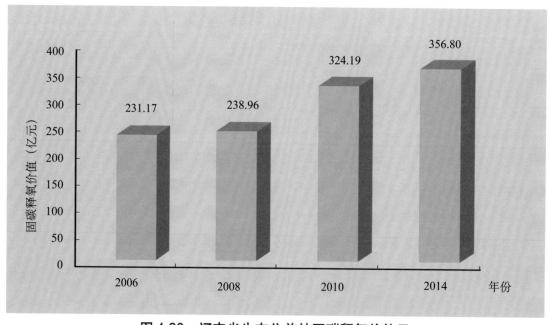

**图4-30　辽宁省生态公益林固碳释氧价值量**

1. 各地市生态公益林固碳释氧价值量

辽宁省各地市生态公益林固碳释氧价值量以丹东、抚顺和本溪市为最大，以沈阳、锦州和盘锦市为最小。从 2006～2014 年，各地市生态公益林固碳释氧价值量均呈现增加的变化趋势，以丹东、抚顺和本溪市生态公益林固碳释氧价值增长最大，分别为 22.98 亿、16.51亿和 16.86 亿元；以沈阳、锦州和盘锦市增长量最小，分别为 1.06 亿、3.15 亿和 0.21 亿元。从 2006～2014 年，各地市生态公益林固碳释氧增长率也不同，以大连、葫芦岛和营口市的增长率最大，分别为 82.26%、96.09% 和 84.69%；以铁岭、鞍山和沈阳市的增长率最小，分别为 32.47%、44.05% 和 12.83%（图 4-31）。

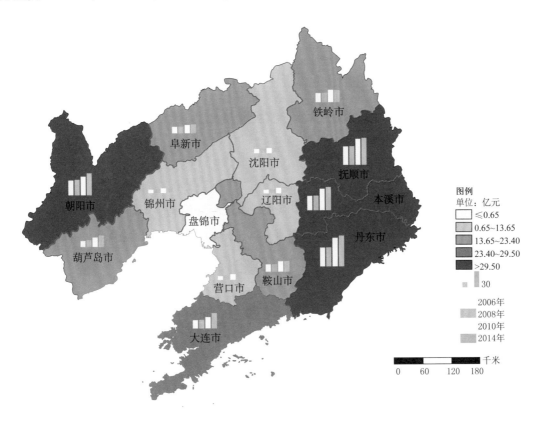

图 4-31　辽宁省各地市生态公益林"碳库"价值量分布

2. 生态公益林不同典型树种组固碳释氧价值量

辽宁省生态公益林不同典型树种组固碳释氧价值量以柞树组最大，以落叶松组最小。落叶松组和刺槐组固碳释氧价值量呈现出先增加后减少的变化趋势，并以 2010 年值为最大；柞树组、油松组、杨树组和灌木林组呈现出一直增加的变化趋势，并以 2014 年的值为最大（图 4-32）。

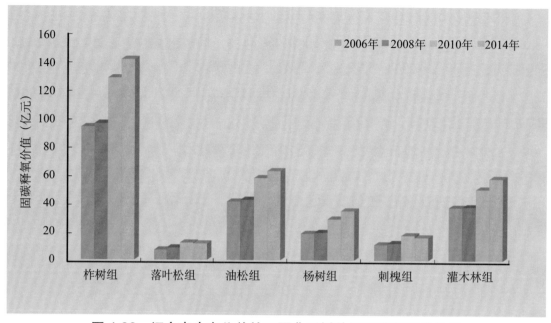

图 4-32  辽宁省生态公益林不同典型树种组固碳释氧价值量

## 四、林木积累营养物质价值

从图 4-33 可以看出，4 次评估的辽宁省生态公益林林木积累营养物质价值量呈现逐渐上升的趋势，从 2006 ~ 2014 年林木积累营养物质价值量增加了 15.64 亿元，增长率为48.06%。

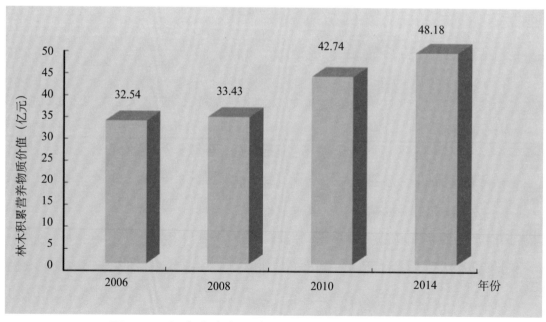

图 4-33  辽宁省生态公益林林木积累营养物质价值量

1. 各地市生态公益林林木积累营养物质价值量

辽宁省各地市生态公益林林木积累营养物质价值量以丹东、抚顺和本溪市为最大，以沈阳、锦州和盘锦市为最小。从 2006～2014 年，各地市生态公益林林木积累营养物质价值量均呈现增加的变化趋势，以丹东、抚顺和本溪市生态公益林林木积累营养物质价值增长最大，分别为 2.61 亿、1.95 亿和 1.92 亿元；以沈阳、锦州和盘锦市增长量最小，分别为 0.24 亿、0.38 亿和 0.03 亿元。从 2006～2014 年，各地市的生态公益林林木积累营养物质增长率也不同，以大连、葫芦岛和营口市的增长率最大，分别为 75.00%、88.08% 和 70.37%；以抚顺、铁岭和沈阳市的增长率最小，分别为 36.72%、26.91% 和 23.30%（图 4-34）。

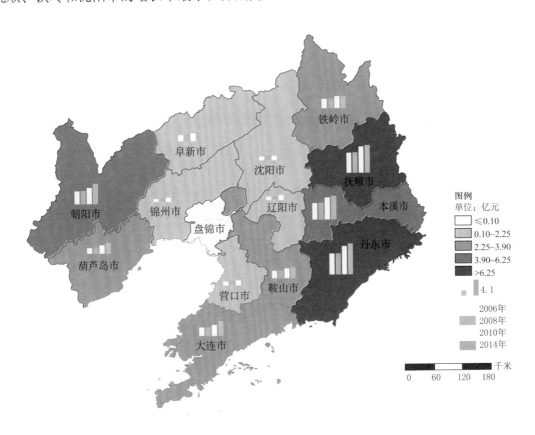

图 4-34　辽宁省各地市生态公益林林木积累营养物质价值量分布

2. 生态公益林不同典型树种组林木积累营养物质价值量

辽宁省生态公益林不同典型树种组林木积累营养物质价值量以柞树组最大，以落叶松组为最小。落叶松组和刺槐组林木积累营养物质价值量呈现出先增加后减少的变化趋势，并以 2010 年为最大；柞树组、油松组、杨树组和灌木林组呈现出一直增加的变化趋势，并以 2014 年为最大（图 4-35）。

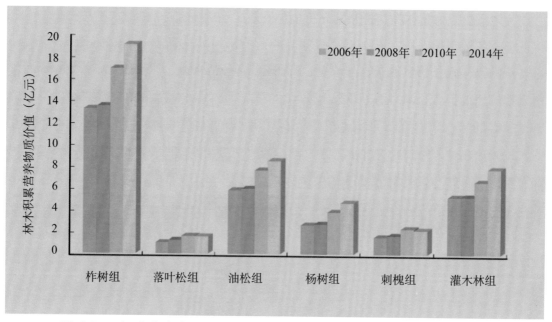

图 4-35　辽宁省生态公益林不同典型树种组林木积累营养物质价值量

## 五、净化大气环境价值

从图 4-36 可以看出，4 次评估的辽宁省生态公益林净化大气环境价值量呈现逐渐上升的趋势，净化大气环境价值量从 2006～2014 年增加了 176.51 亿元，增长率为 214.63%。净化大气环境价值量在 2014 年评估时出现陡然增加的变化，这主要是因为在 2014 年评估时采用健康损害法评估了森林的净化大气环境的价值，再加上生态公益林面积的增加，从而使得 2014 年评估的净化大气环境价值量增长最大。

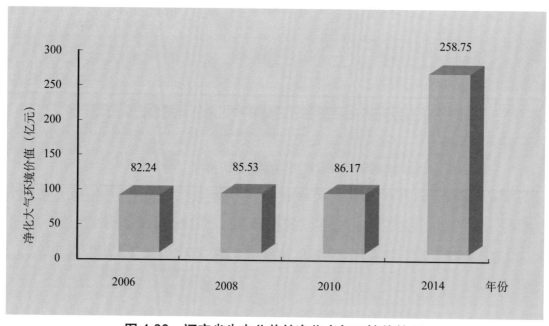

图 4-36　辽宁省生态公益林净化大气环境价值量

1. 各地市生态公益林净化大气环境价值量

辽宁省各地市生态公益林净化大气环境价值量以朝阳、抚顺和丹东市为最大，以辽阳、沈阳和盘锦市为最小。从2006 ~ 2014年，各地市生态公益林净化大气环境价值量均呈现增加的变化趋势，以丹东、抚顺和本溪市生态公益林净化大气环境价值增长最大，分别为35.33亿、29.90亿和23.28亿元；以辽阳、沈阳和盘锦市增长量最小，分别为3.91亿、2.85亿和0.10亿元。从2006 ~ 2014年，各地市的生态公益林净化大气环境增长率也不同，以丹东、本溪和大连市的增长率最大，分别为302.22%、260.11%和299.83%；以朝阳、阜新和盘锦市的增长率最小，分别为113.32%、125.66%和125.00%（图4-37）。

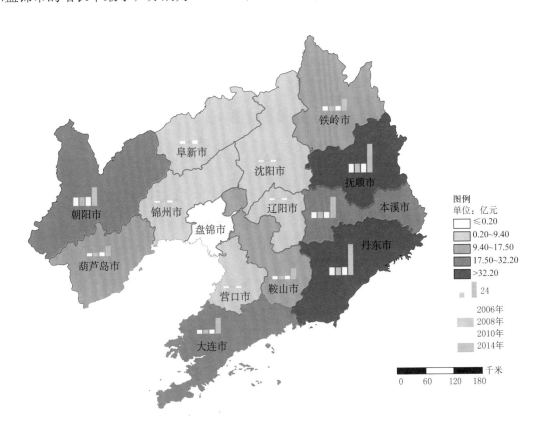

图 4-37　辽宁省各地市生态公益林净化大气环境价值量分布

2. 生态公益林不同典型树种组净化大气环境价值量

辽宁省生态公益林不同典型树种组净化大气环境价值量以柞树组最大，以落叶松组为最小。不同树种组净化大气环境价值量呈现出一直增加的变化趋势，并以2014年的值为最大（图4-38）。

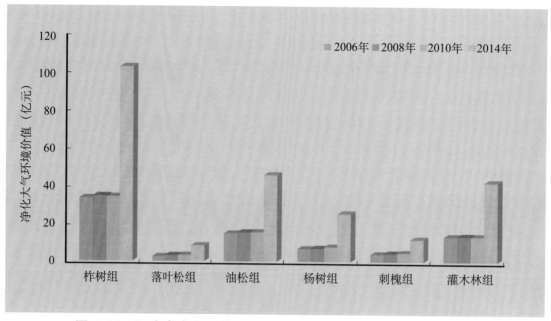

**图 4-38　辽宁省生态公益林不同典型树种组净化大气环境价值量**

## 六、生物多样性保护价值

从图 4-39 可以看出，4 次评估的辽宁省生态公益林生物多样性保护价值量呈现先增加再减少又增加的变化趋势，从 2006～2014 年生物多样性保护价值量增加了 87.25 亿元，增长率为 20.82%。

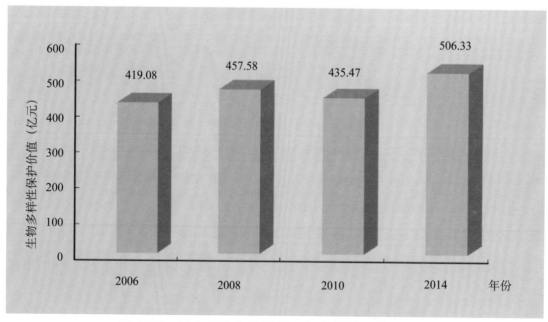

**图 4-39　辽宁省生态公益林生物多样性保护价值量**

1.各地市生态公益林生物多样性保护价值量

辽宁省各地市生态公益林生物多样性保护价值量以丹东、抚顺和本溪市为最大，以锦州、沈阳和盘锦市为最小。从2006～2014年，各地市生态公益林生物多样性保护价值量呈现出波动的变化趋势，以朝阳、大连和葫芦岛市生态公益林生物多样性保护价值增长最大，分别为20.04亿、12.41亿和15.85亿元（图4-40）。

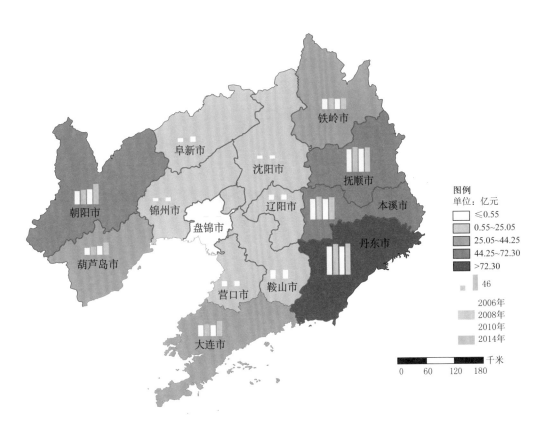

图4-40　辽宁省各地市生态公益林"基因库"价值量分布

2.生态公益林不同典型树种组生物多样性保护价值量

辽宁省生态公益林6个典型树种组生物多样性保护价值量以柞树组最大，以落叶松组的为最小。不同树种组生物多样性保护价值量呈现出波动的变化趋势，并以2014年的值为最大（图4-41）。

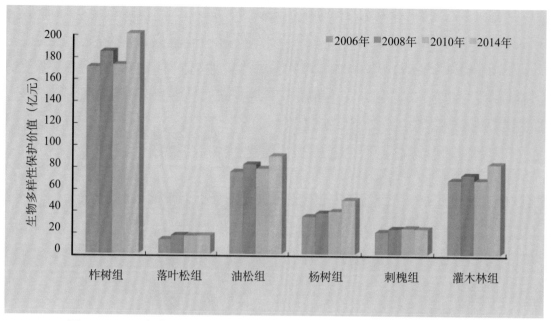

**图 4-41　辽宁省生态公益林不同典型树种组生物多样性保护价值量**

### 七、森林防护价值

从图 4-42 可以看出，3 次评估（未进行 2006 年生态公益林森林防护价值的核算）的辽宁省生态公益林森林防护价值量呈现先减少再增加的变化趋势，从 2008 ～ 2014 年森林防护价值量增加了 0.58 亿元，增长率为 0.99%。

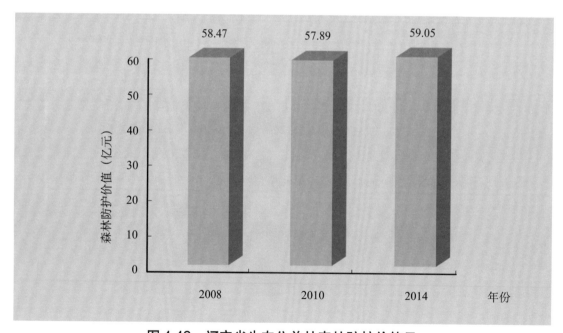

**图 4-42　辽宁省生态公益林森林防护价值量**

#### 1. 各地市生态公益林森林防护价值量

辽宁省各地市生态公益林森林防护价值量以丹东、抚顺和本溪市为最大，以锦州、沈阳和盘锦市为最小。从 2008 ～ 2014 年，各地市生态公益林森林防护价值量呈现出波动的变化趋势，以朝阳、大连和葫芦岛市生态公益林森林防护价值增长最大，分别为0.68亿、0.49亿和0.44亿元（图4-43）。

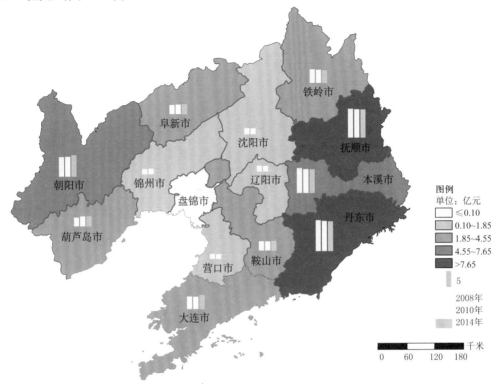

**图4-43　辽宁省各地市生态公益林森林防护价值量分布**

2.生态公益林不同典型树种组森林防护价值量

辽宁省生态公益林不同典型树种组森林防护价值量以柞树组最大，以落叶松组为最小。不同树种组森林防护价值量呈现出波动的变化趋势，并以2014年的值为最大（图4-44）。

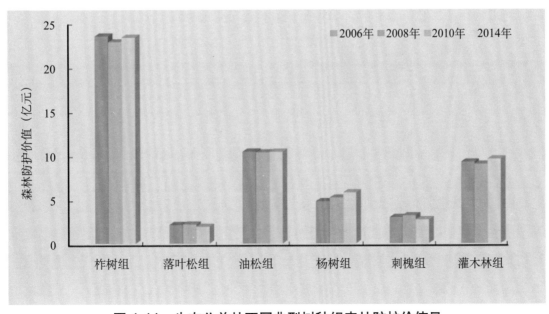

**图4-44　生态公益林不同典型树种组森林防护价值量**

# 第五章
# 辽宁省森林生态系统
# 社会、经济、生态三大效益耦合分析

　　森林生态系统对于改善当地生态环境，保护生态安全，推进林业生态补偿制度的发展具有重要的作用。本研究从涵养水源、保育土壤、净化大气环境、固碳释氧、森林防护、生物多样性保护、林木积累营养物质和森林游憩等方面对辽宁省森林生态系统的物质量和价值量进行评估，以探索森林生态系统的生态效益特征，掌握生态效益形成与增长的机制。在效益评估的基础上，从生态效益时空格局特征及其驱动力的角度对社会、经济、生态三大效益进行耦合分析。辽宁省森林生态系统生态效益的时空格局是生态效益总量及各分项生态效益的时空分布状况。通过对生态效益时空格局和区域生态需求吻合度的分析，揭示辽宁省森林生态效益时空分布规律，了解生态效益与区域社会经济发展需求的关联性和匹配性，对生态功能成效及空间格局合理性进行科学评价。森林生态效益驱动力分析是对生态效益时空格局形成与演变相关社会过程、物理过程和生物过程的动力学分析，是对影响森林生态效益形成与消长相关要素的综合分析，是社会经济因素及自然环境因子与森林生态效益相互作用的内在机制分析。通过驱动力分析可以明确辽宁省森林生态效益形成与变化的驱动要素结构，阐明各驱动力对生态效益的影响方式与作用机制，甄别生态效益关键驱动因子。

## 第一节　辽宁省森林生态系统生态效益时空格局及其特征分析

　　辽宁省森林生态效益的评估结果表明，森林生态系统增加了蓄水量，净化了大气环境，提高了生物多样性，改善了水土流失状况等。辽宁省森林生态系统有效遏制了辽西北地区土地沙化与贫瘠化的趋势，增加了辽东山区森林涵养水源的能力，保障了辽中南平原沿海地区生态安全和经济发展。由于区域自然地理分异性、工程措施、政策措施和社会经济等因素的影响，辽宁省森林生态效益的空间格局比较显著。对空间格局及其特征的分析，是

深入研究森林生态效益空间差异及其形成机制的基础，是制定森林生态效益补偿政策，实现生态效益精准提升的重要依据。同时，也是对辽宁省森林生态系统分布的摸牌探底，能够更好地推进对森林的保护，为森林生态系统的发展和决策提供依据和保障。

## 一、辽宁省森林生态效益时空格局

### 1.生态效益价值量时空格局

辽宁省森林生态效益在空间上呈现非均匀分布，森林面积越大、质量越高、水热条件越好的区域，其生态效益越高。这种时空格局在森林生态效益的自然地理区域空间分布表现比较明显。辽宁省森林生态效益价值量空间格局表现为辽东山区＞辽西北地区＞辽中南平原沿海地区，呈现出东部大于西北部，并以中南部为最小的分布格局。在以地市为行政区划的分布中，辽宁省森林生态效益价值量与森林面积空间分布基本一致，森林面积大的区域，其生态效益价值量也相对较大，具体表现为以丹东、本溪和抚顺市的生态效益价值量为最大，以阜新、锦州和盘锦市生态效益为最小（图5-1）。

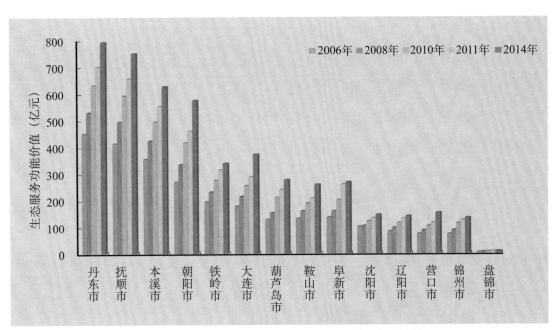

图 5-1　辽宁省各地市森林生态系统服务功能价值量

### 2.主导生态功能时空格局

森林生态系统主导生态功能存在自然地理分异性。在不同自然地理区域内，森林生态系统的主导功能效益存在差异。辽宁省不同自然地理区域森林生态系统主导功能效益的空间格局表现为以涵养水源和生物多样性保护功能为最大，以林木积累营养物质和森林防护为最小（图5-2）。

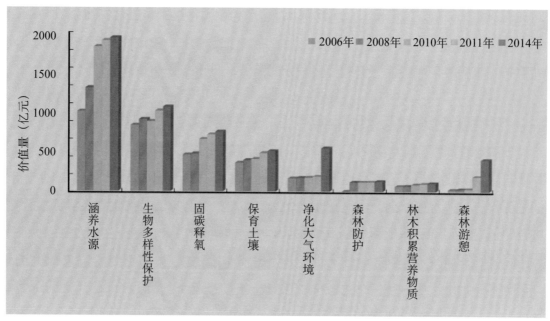

**图5-2 辽宁省不同时期森林生态系统服务主导功能价值量**

### 3. 不同年份森林生态系统时空格局

辽宁省森林生态系统不同年份的生态效益价值量呈现出逐渐递增的变化趋势。从2006～2014年，增加了2242.62亿元，增长率为86.53%（图5-3），这主要得益于辽宁省采取的各项政策和保护管理措施等。随着人们对森林关注度的逐渐提高，对生态效益的日益重视，逐步加大了对林业的投资和扶持力度，使得森林的面积逐渐增加；同时，对森林的抚育管理措施的逐渐增强，使得森林的质量逐渐提高，从而使得森林的面积逐渐增加，质量逐步提升，生态效益逐渐提高。

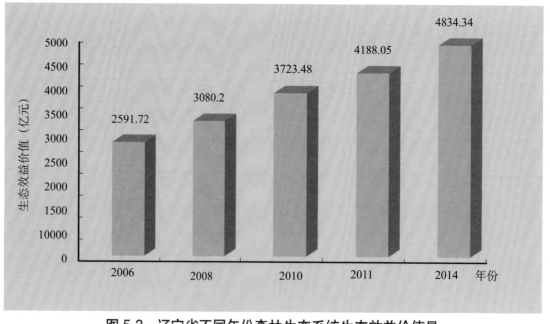

**图5-3 辽宁省不同年份森林生态系统生态效益价值量**

## 二、辽宁省森林生态系统生态效益特征及其与区域生态需求吻合度

### 1. 以水土保持为主导功能，保持水土效益显著

森林作为陆地生态系统的主体，具有消减洪峰、涵养水源等功能（Clarke，2000），人们形象地称之为"森林水库"；森林能够减少雨滴对土壤的冲击，降低径流对土壤的冲蚀，有效地固持土壤，具有良好的保持水土效果。森林生态系统涵养水源的功能能够延缓径流的产生，延长径流汇集的时间，起到调节降水汇集和消减洪峰的作用，降低地质灾害发生的可能（Liu et al.，2004）。利用森林生态系统涵养水源和保育土壤两项功能，解决辽宁省所面临的水土流失问题是森林生态系统的主要目标之一。辽宁省森林生态系统水土保持效益较好，在 2006、2008、2010、2011 和 2014 年分别达到了 1217.87 亿元 / 年、1512.44 亿元 / 年、1987.95 亿元 / 年、2124.16 亿元 / 年和 2175.25 亿元 / 年，占相应生态效益价值总量的 46.99%、49.10%、53.39%、50.72% 和 45.00%，占据着同期生态效益价值总量的半壁江山，说明辽宁省森林生态系统涵养水源和保育土壤生态效益价值较高（图 5-4）。

辽宁省是我国水土流失严重的区域之一，大约 88% 的流域存在水土流失的问题，水土流失面积达 463.41 万公顷，占全省国土面积的 31.7%（牛萍，2010)，虽经多年治理，但水土流失依然任务严峻，西部地区水土流失仍然十分严重，东部地区"远看绿悠悠、近看水土流"的情况随处可见，中部地区人为加重水土流失的情况仍在逐渐加剧（曹忠杰，2007）。辽宁省第四次土壤侵蚀遥感普查结果显示，年均水土流失总量为 1.18 亿吨。土壤侵蚀与水土流失是辽宁省比较突出的生态环境问题，它一方面不仅导致表层土壤随地表径流流失，切割蚕食地表，而且径流携带的泥沙又会淤积阻塞江河湖泊，抬高河床，增加了洪涝灾害的隐患。森林的冠层可以降低雨滴下落的速率，减少到达地面雨滴的动能，减轻雨滴对地

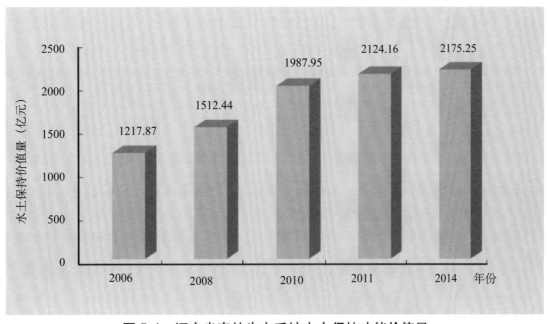

**图 5-4　辽宁省森林生态系统水土保持功能价值量**

面的击溅侵蚀，减少进入河流的泥沙量（Xiao et al.，2014）；强大的根系在地下盘根错节，形成复杂的根系网，能够牢牢的抓住泥土，也能够拦蓄降水，较好地减少水土流失，起到涵养水源的作用（Tan et al.，2005）；林下的枯枝落叶覆盖在地表，消减了下落雨滴的动能，减轻地表水分的蒸发，减缓水流的汇集，防止短而急的降雨形成洪峰，减少洪水、泥石流等自然灾害的发生，更好地发挥森林的生态效益。辽宁省森林生态系统不仅能够涵养水源，同时也可以保持土壤，减少土壤的流失，减少进入河流的泥沙含量。

《辽宁省水土保持规划（2016～2030年）》（简称《规划》）提出到2020年，初步建成与辽宁省经济社会发展相适应的水土流失综合防治体系，新增水土流失治理面积8300平方千米；到2030年，基本建成与辽宁省经济社会发展相适应的水土流失综合防治体系，新增水土流失治理面积28300平方千米。《规划》综合分析了辽宁省水土流失及其防治现状，系统总结了水土保持经验和成效，以全省水土保持区划为基础，划定省级水土流失重点预防区和重点治理区，以保护和合理利用水土资源为主线，拟定预防和治理水土流失、保护和合理利用水土资源的总体部署，明确今后一个时期水土保持的目标、任务和对策措施，为全省水土资源可持续利用及经济社会可持续发展提供支撑和保障。随着对森林生态系统的保护，人为破坏和干扰的情况大为减少，森林生长状况逐渐好转，郁闭度和林冠层增大，林下枯枝落叶层增厚，土壤孔隙度得到提高，森林生态系统能够涵养更多水资源。森林生态系统水土保持功能显著，必将在辽宁省水土保持中发挥出越来越大的作用。

土壤为植物生长提供水分和矿质营养，其含量不仅影响植物的个体发育，进一步决定着植物群落的类型、分布和动态；反之植被是土壤有机质最主要的来源，对土壤物理、化学和生物学性质有着深刻影响。研究表明恢复17年和9年的杉木林地与对照的荒地相比，土壤孔隙度分别增加17.20%和8.70%，土壤容重分别降低14.30%和7.50%；植被生长的时间越长，土壤有机质和全氮含量越高；将植被覆盖度95%的天然次生林与对照荒地相比，有机质和全氮含量分别提高了3.60倍和1.90倍。保育土壤功能也与植被的地表覆盖度、植被类型、坡度等因子有关（Zhang et al.，2008；国家林业局，2015）。辽宁省森林植被能够增加地表覆盖度，增加林地表层的枯落物层厚度，这些物质分解后又返还到土壤，增加氮、磷、钾等的循环速率，加快营养元素的流转，使得土壤中营养元素得到补给；同时又改良土壤性质，改变土壤结构，增加土壤的毛管孔隙和非毛管孔隙度，能够含蓄更多的水源，能够促进森林植被的快速生长，建立一个良好的生态环境体系。土壤结构的改良又促进植被的快速生长，地下根系能够固持更多的土壤，牢牢地固定土壤颗粒，减少水土流失的发生；地上部分的快速生长能够吸收更多二氧化碳，释放较多氧气，加速碳氧之间的循环，为人们提供更多的天然氧吧。森林快速增长蒸散出更多的水分，增加空气湿度，改善大气环境，为人们提供体感适宜，健康稳定的空气环境。森林能够形成林带，降低风速，阻挡风沙，保障城镇、农田和村庄的安全。森林构建了一个健康稳定的生态环境，改善了土壤环境，在林与地之间形成一个优良的环境体系。

2. 辽宁省森林生态系统生物多样性效益较高

生物多样性保护是指森林生态系统为生物提供生存与繁衍的场所，其价值量是森林生态系统物种保育作用的量化。近年来，生物多样性保护日益受到国际社会的高度重视，已经将其视为生态安全和粮食安全的重要保障，提高到人类赖以生存的条件和经济社会可持续发展基础的战略高度来认识。对我国来说，在建设生态文明、美丽中国的时代背景下，保护生物多样性已超越其物质层面的意义，更承载着人民对美好生活环境的期待、对历史责任的担当，是建设生态文明的客观要求。一般而言，生物多样性丰富的地方往往也是山清水秀、鸟语花香、生态良好的地方，这也是人们所追求和向往的场所。通过保护生物多样性，不断改善生态环境和宜居条件，让我们的生存环境生机勃勃，这是提高生态文明提升的必由之路。生物多样性是人类赖以生存的条件，是经济社会可持续发展的基础，关系到当代及子孙后代的福祉。

辽宁省森林生态系统生物多样性保护价值仅次于涵养水源，在评估中位于第二位。森林能够增加动物、植物、微生物的种类，为其提供生存与繁衍的场所，起到保育作用，能够维持生态系统的稳定性和丰富性，支持了人类社会的经济活动（图 5-5）。辽宁省森林生态系统物种多样性指数逐渐增加，乔木层、灌木层和草本层的 Simpson 指数和 Shannon-wiener 指数均显著提高，生物多样性价值也逐渐增加。随着时间的推移，群落结构由简单到复杂，由脆弱到稳定，自我调节能力增强，营养结构趋于稳定，符合一般的群落正向演替的规律，对森林生态系统的改善具有积极的促进作用。

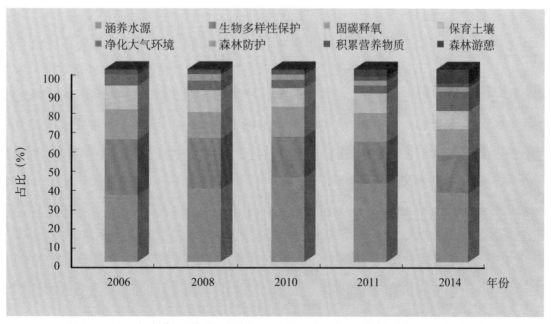

图 5-5　辽宁省森林生态系统不同年份不同生态服务功能价值量占比

### 3. 固碳释氧功能有效增加森林碳汇

联合国政府间气候变化专门委员会指出为确保 2030 年全球气温变暖幅度低于 2℃ (IPCC，2013)，就需要控制大气二氧化碳浓度的升高，就必须减少碳排放，并增加碳汇。森林作为陆地生态系统的主体，在减缓全球二氧化碳浓度升高过程中所起的作用已经得到认同，在固碳增汇方面发挥的作用已成为共识。冠层、凋落物层和土壤层，以及林种类型和林龄等因子是森林固碳释氧功能的主要因素 (Wang et al.，2014)。辽宁省森林生态系统中、幼龄林的快速增长，能够吸收更多二氧化碳，提高森林碳汇功能，抑制大气中二氧化碳浓度的上升，起到绿色减排的作用。再加上有些森林分布在高山峡谷中，受到人为干扰和破坏相对较轻，林下的枯落物覆盖在地表，有的分解速率较慢，有的甚至不分解，以有机质的形式存在林下，这部分碳就被固定在土壤层中，增加了森林生态系统的碳汇量。

### 4. 有效净化大气环境

辽宁省是我国重要的老工业基地，燃煤、汽车尾气和金属冶炼加工是大气细颗粒物污染的主要来源，汽油和煤的不完全燃烧产生的颗粒物加重了大气污染状况。2014 年，辽宁省雾霾天数为 115 ~ 120 天，全年接近三分之一的天数有雾霾出现，全省 14 个城市可吸入颗粒物、细颗粒物年均浓度均超标 (辽宁省国民经济和社会发展统计公报，2015)。雾霾的产生是由多方面因素造成的，一方面受气象条件的影响，高低空配置的静稳天气条件，如风速较小，湿度较大，大气层结稳定等不利于污染物扩散；另一方面决定于污染物排放量的增加，工业排放、机动车尾气污染，叠加冬季燃煤供暖期，以及大面积焚烧秸秆现象，导致污染物的排放量增多 (牛香，2012)。世界上许多国家都采用植树造林的方法降低大气污染程度，植被对降低空气中细颗粒物浓度和吸收污染物的作用极其显著 (Chen et al.，2016)。在距离 50 ~ 100 米的林区颗粒物浓度、二氧化硫和氮氧化物的浓度分别降低了 9.1%、5.3% 和 2.6% (Yin et al.,2011)。Nowak 等应用 BenMAP 程序模型对美国 10 个城市树木的 $PM_{2.5}$ 去除量进行估算研究，得出树木每年去除可入肺颗粒物总量范围是 4.70 ~ 64.50 吨 (Nowak et al. 2013)。根据在英国城市的研究，McDonald 等计算得出，森林面积占城市面积 1/4 时，可以减少 2% ~ 10% 的 $PM_{10}$ 浓度，说明森林植被对人体健康有积极的正效应。随着辽宁省森林面积的逐步增加，植物吸附颗粒物的能力也会逐渐增强，净化大气环境的功能逐步提高 (McDonald et al. 2007)。

随着森林生态旅游的兴起及人们保健意识的增强，空气负离子作为一种重要的旅游资源越来越受到人们的重视。空气负离子能改善肺器官功能，增加肺部吸氧量，促进人体新陈代谢，激活肌体多种酶和改善睡眠，提高人体免疫力、抗病能力 (Hofman et al.，2013)。辽宁省森林生态系统提供负离子量以辽东山区为最大，其次为辽西北地区，最后为辽中南平原沿海区；在不同林龄中，又以中、幼龄林为主。影响负离子产生的因素主要有几个方面，首先是海拔梯度的影响，海拔能够显著影响森林负离子浓度的变化，同时，宇宙射线是自然界产生负离子的重要来源，海拔越高则负离子浓度增加的越快。其次，与植物的生长息息相关，植物的生长活力高，则能够产生较多的负离子，这与"年龄依赖"假设相吻合（Tikhonov et al.，2014）。第三，叶片形态结构不同也是产生负离子量不同的重要原因。从叶片形态上来说，针叶树针状叶的等曲率半径较小，具有"尖端放电"功能，且产生的电荷能使空气发生电离从而产生更多的负离子（牛香，2017）。辽东山区，山体海拔较高，森林面积较大，针叶树种又相对较多，从而使得辽东山区提供负离子量最多。

5. 林木积累营养物质效益

林木积累营养物质是生态系统中物质循环不可或缺的环节，森林植被积累营养物质功能降低下游水源污染及水体富营养化的发生。研究发现植被层营养元素积累量为1495.02 ~ 5531.80 千克 / 公顷，乔木层占 85.3% ~ 98.0%。在一定范围内，随着林分密度的增加，其生物量和营养元素积累量也会随之增加。辽宁省森林生态系统林木积累营养物质能力的提升，使树木在生长过程中不断从周围环境吸收营养物质，固持在植物体中，不仅为树木生长发育提供物质基础，且可以调节和缓冲营养物质供需关系间的矛盾，从而维持自身生态系统的养分平衡，对指导林业生产、改善林木生长环境、提高养分利用率和森林可持续经营都具有重要意义。

### 三、辽宁省森林生态系统生态效益驱动力分析

辽宁省森林生态系统生态效益是多因素综合作用的结果，且各个因素的影响程度不同，作用机制复杂。本研究分别分析了政策、社会经济与自然环境因素对森林生态效益的驱动作用，阐述生态效益驱动力的主要作用。通过分析，可明确各因素对森林生态效益的作用，有助于充分理解森林生态效益时空格局形成与演变的内在机制，为进一步提升其潜能提供依据和参考。

1. 政策、工程对辽宁省森林生态效益驱动作用分析

政策是辽宁省森林生态效益的关键驱动力，没有强有力的政策支持，植树造林的各项措施就得不到保障，森林面积无法保持连续增加，质量无法持续增长，那么森林的生态效益就得不到提升，出现维持现状甚至是降低的局面。政策措施是森林发展和经营的方向，没有良好的政策支持，发展就是无序的、不发展的，经营就没有了标准和方向。因此，政策是决定森林生态效益标准和方向的关键性因子，是驱动森林生态效益增长的重要因素。

辽宁省森林生态效益的增长离不开各项工程措施的实施，这是辽宁省森林生态效益增加的首要驱动因子。为切实增加辽宁省的森林面积，促进森林资源的发展，实施的生态造林工程有退耕还林、"三北"防护林工程等。辽宁省是开展退耕还林工程较早的省份之一，也是退耕还林工程生态效益重点监测的六大省份之一。从保护和改善生态环境出发，本着宜乔则乔、宜灌则灌、宜草则草和乔、灌、草相结合的原则，因地制宜造林植草，将容易造成水土流失的坡耕地有计划、分步骤地停止耕种，以便恢复林草植被。退耕还林工程是

我国涉及面最广、工序最复杂的生态建设的标志性工程，也是迄今为止世界上最大的生态修复工程，是实现合理利用土地资源，增加林草植被覆盖，维护生态安全，调整农村产业结构，增加农民经济收入，一举多赢的战略性举措。退耕工程的开展显著地改善了辽宁省生态环境，不仅增加了森林面积，而且保护了优良耕地、增加农民收入、促进经济转型，社会、经济、生态效益得到综合发展。从 2006～2013 年辽宁省不同年份退耕还林生态林的面积可以看出，辽宁省退耕还林工程生态林的营造面积每年都在 1.9 万公顷以上，这对辽宁省森林面积的增加起着重要的作用（图 5-6）。

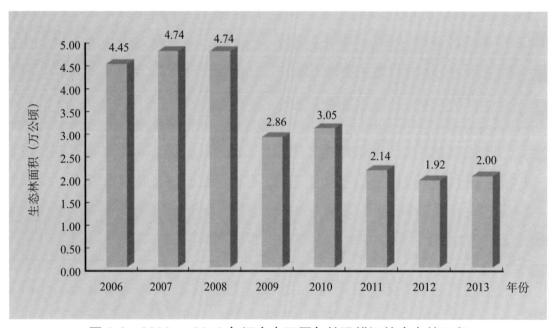

图 5-6　2006～2013 年辽宁省不同年份退耕还林生态林面积

　　"三北"防护林工程是指在我国西北、华北、东北地区启动防护林体系建设工程，从 1978 年开始到 2050 年结束，建设期限长达 73 年，分三个阶段、八期工程进行，工程范围占我国陆地总面积的 42.4%，规划造林 3508 万公顷。工程把植树造林作为建设重点，把生态修复作为核心目标，把防沙治沙和水土保持作为根本任务，坚持改善生态与改善民生相结合，人工治理与自然修复相结合，努力增加"三北"地区森林资源和生态总量。"三北"防护林工程在辽宁省的实施，第一次把森林的生态功能和经济功能有机结合起来，形成了生态经济型防护林体系的发展模式，有力地推动了辽宁省林业走大工程带动大发展的道路，对于辽宁省生态文明建设具有十分重要的意义。

　　结合本省实际，辽宁省又相继实施了青山工程、两退一围工程等。2011 年辽宁实施的青山工程，主要是通过"小开荒"还林、退坡地还林、工程封育、闭坑矿生态治理、生产矿生态治理、公路建设破损山体生态治理、铁路建设破损山体治理和墓地、坟地整治工程八项强有力的措施，对因开发建设活动造成的已破损山体进行植被恢复治理，对未破损山体实施严格保护。青山工程坚持以矿山生态治理、超坡地还林、清退"小开荒"和围栏封育为重点；以保护和恢复青山的主体生态功能为目标，运用政府调控手段，实施有效的激励和约束政策，严格落实责任，调动林地使用主体还林的自觉性，增加绿色覆盖，增加农民收入，促进全省经济社会的可持续发展。青山工程事关美丽辽宁的建设，事关百姓生活环境的改善，事关更好投资环境的营造。青山工程的实施使得大片的青山得到绿化，不仅增加了森林面积，同时也改善了辽宁省的生态环境，对全省经济社会的可持续发展起到了积极作用，是一项多得的战略性举措。

**2. 社会经济因素对辽宁省森林生态效益驱动作用分析**

社会经济因素对辽宁省森林生态效益的驱动作用主要表现在两个方面。第一，社会经济条件是辽宁省林业生态工程建设的基础，是辽宁省森林生态效益的关键性驱动因子；第二，社会经济效益与生态效益均为辽宁省林业生态工程的主要目标，二者相互促进协调发展。

首先，社会经济条件是辽宁省森林生态建设工程的基础，而林业生态工程建设又是驱动森林生态效益的关键因子，所以，社会经济条件在驱动辽宁省森林生态效益中发挥着重要作用。随着改革开放的不断深入，辽宁省综合财力的显著增强，财政收入的大幅度增长，为辽宁省实施各项林业生态工程建设奠定了坚实的经济基础和物质条件。改革开放政策不仅使辽宁经济保持持续、快速、稳健发展，而且在实现建立现代市场经济体系方面取得了重大进展，从过去单纯追求经济目标转变为追求经济、社会、环境全面协调可持续发展，这种转变为辽宁省森林生态系统的健康发展奠定了社会经济基础。也正因为有了这样的社会经济基础，辽宁省各项森林生态建设工程才得以实施。

其次，社会经济效益与生态效益是辽宁省林业生态工程建设的主要目标，二者相互促进协调发展。辽宁省林业生态建设工程不仅仅是一项生态工程，也是扶贫工程和富民工程。林业生态工程的实施，不仅能够改善当地的生态环境，促进生态效益的增加，同时合理的引导、正确的实施也是改变人们收入的重要途径，能够改善人们的生活状态，达到生态效益和民生工程互利双赢。辽宁省实施的各项林业生态工程规划与国民经济和社会发展规划、农村经济发展总体规划、土地利用总体规划相衔接，与环境保护、水土保持、防沙治沙等相协调，在改善生态环境的同时，促进土地利用结构、就业结构和产业结构的合理调整，促进林区林业和畜牧业以及其他相关产业的发展，形成农林牧各业相互促进的局面，不断提高林区的经济实力，不断提升林农户的人均收入和生活质量。辽宁省林业生态工程所取得的社会经济效益不仅有利于"生态脱贫"和区域经济发展，而且对生态效益的增长具有促进作用。在获得经济效益后，林农牧民对各项生态工程持更加积极的欢迎态度，更利于各项工程的顺利实施，有利于森林的科学管理，从而有效地驱动辽宁省森林生态系统生态效益的稳步提升。综合以上对辽宁省森林生态系统社会经济与生态效益的耦合分析可以看出，辽宁省森林生态系统实现了社会、经济、生态三大效益协调发展，社会经济效益与生态效益相互促进。

3. 自然环境因素对辽宁省森林生态系统生态效益驱动作用分析

自然环境因素也是森林生态效益时空格局动态的重要驱动力，通过影响树木生长代谢过程、森林结构、生态系统能量流动与物质循环等方式，进而驱动森林生态效益时空格局的演变。自然环境要素对辽宁省森林生态系统生态效益的驱动作用主要表现在生态效益增减和生态效益区域分异性两个方面。自然环境因素是森林生长的基础，因此良好的自然环境可以有效促进森林群落植被的生长、能量流动及养分循环，从而增加其生态效益，而恶劣的自然生态环境会限制森林群落植被的生长，严重的自然灾害环境甚至会摧毁林分，从而减少其生态效益。自然环境因素对森林生态效益地理分异性的驱动作用较为复杂，是不同区域自然环境要素的差异与森林植被群落相互作用的过程。

平均降水量和植被覆盖度是影响辽宁省森林生态效益的主要驱动因素。辽宁省降水分布表现为从北到南、从西到东逐渐增多的趋势，这主要是由于纬度变化和水陆位置变化引起。植被生长与水分关系密切，降水充沛的区域，植被生长良好，森林覆盖度较高，发挥较好的生态效益（Chen D. L，2005；Zhou H. J，2009；Yin R. S，2009）。除此以外地形地貌也是一个重要的影响因素，主要表现为坡度、坡向对于营造林的影响。本研究显示，辽东山区森林生态效益高于辽西北和辽中南地区，这主要是因为辽东山区山体海拔较高，降水条件较好，雨量充沛，森林植被生长较好，再加上人为干扰相对较轻，从而使得其森林面积较大，森林覆盖率较高，森林质量相对较强，森林生态效益也最大。平均降水量和植被覆盖度是影响辽宁省森林生态系统生态效益区域性差异的重要因素。

平均降水量、土地生产力和土壤有机质是影响辽西北地区森林生态系统生态效益的主要驱动因素。辽宁省地处科尔沁沙地南部，地理位置特殊，森林植被是保护辽宁西北部生态安全的一道绿色防线。植物通过三种方式阻止地表风蚀或风沙活动：①覆盖部分地表，使被覆盖部分免受风力作用；②分散地表以上一定高度内的风动量从而减弱到达地表风的动能；③拦截运动沙粒促其沉积。森林生态系统能够有效地防治土壤风蚀，促进自然景观的恢复（A.Saleh and D.W.Fryrear，1999；Mitchell RJ，1999）。本研究显示，地处辽西北地区的朝阳市，森林面积和质量均不及丹东和抚顺市，但是其森林净化大气环境的价值却相对较高。这主要是因为朝阳市地区位于辽宁省西北部，与科尔沁沙地毗邻，是减弱科尔沁沙地影响辽宁的第一道天然屏障，能够很好地降低风速，使风携带的沙尘物质沉降；风速降低，也减弱了风携带沙尘等物质的能力，使得更多的沙尘物质不被裹挟到大气中；同时，森林又能够吸收大气中的有害物质，滞纳空气中的沙尘等颗粒物，较好地起到净化大气环境的作用。再加之辽西北地区大量灌木林的栽植，增加了地表的覆盖度，减少近地表风速，并增大沙尘等物质的起沙风速，从而更好地起到净化大气环境的作用。

## 第二节　辽宁省生态公益林生态效益时空格局及其特征分析

生态公益林是森林中的精华部分，其森林结构类型和质量相对较高。生态公益林是人们根据森林的类型，地理区位，发挥的主导生态功能，以及利于经营和管护的角度出发划分出来的。辽宁省生态公益林在改善大气环境、减少水土流失和增加生物多样性等方面发挥着重要作用。由于区域自然地理分异性、工程措施、政策措施和社会经济等因素的影响，辽宁省生态公益林生态效益的空间格局特征比较显著。

### 一、辽宁省生态公益林生态效益时空格局

#### 1.生态公益林生态效益价值及主导生态功能时空格局

辽宁省生态公益林生态效益价值量空间格局表现为辽东山区＞辽西北地区＞辽中南平原沿海地区，价值量呈现出东部大于西北部，并以中南部为最小的分布格局。生态公益林主导生态功能存在自然地理分异性。在不同自然地理区域内，辽宁省生态公益林的主导功能效益存在差异。不同自然地理区域生态公益林主导功能效益的空间格局表现为以涵养水源和生物多样性保护功能为主，以林木积累营养物质和森林游憩价值为最小。以辽东山区为例，2006、2008、2010 和 2014 年涵养水源和生物多样性防护价值之和分别为 458.89 亿、551.04 亿、640.19 亿和 684.44 亿元，占到同期辽东山区生态公益林生态价值总量的 63.29%、64.00%、64.76% 和 55.32%；林木积累营养物质和森林游憩价值之和分别为 21.27 亿、23.12 亿、27.61 亿和 114.02 亿元，仅占到同期辽东山区生态公益林生态价值总量的 2.93%、2.68%、2.79% 和 9.22%（图 5-7）。生态公益林涵养水源和生物多样性保护价值较高，这是因为生态公益林多是分布在江河源头和河流水域两岸，其主要功能就是涵养水源，保证水质的安全，为河流提供源源不断的水源；生态公益林又以天然林为主，而天然林的林分结构复杂，林分垂直梯度性较高，水平梯度性较好，大多数属于异龄复层混交林，能够为物种提供更多的栖息地，更多的食物，保证了生物生存的基本条件，生物多样性种类最丰富，生物基因库也最全面。林木积累营养物质和森林游憩价值最低，这就为林业管理部门提供了参考和借鉴，如何开发森林的这两项价值，最大限度地将森林生态效益转化为经济效益，是值得研究的工作。

在条件允许的森林公园、道路两侧，可以通过人工管理的方式，增加生态公益林的生长速率，保证其健康生长，以便为人们提供更多的绿荫和生态产品。同时，在森林公园和条件适宜的地方充分利用森林负氧离子丰富和天然氧吧的优势，开发森林旅游和森林康养项目，将森林的生态效益转化为经济效益。森林为游人提供了优良的调养身心场所，让人们在紧张繁忙的工作之余，有一处可以安心静养的去处，缓解紧张情绪，身心舒缓，放飞自我，畅游在森林的无边海洋中；游客来到林区能够为当地带来丰厚的经济收入，带动林区

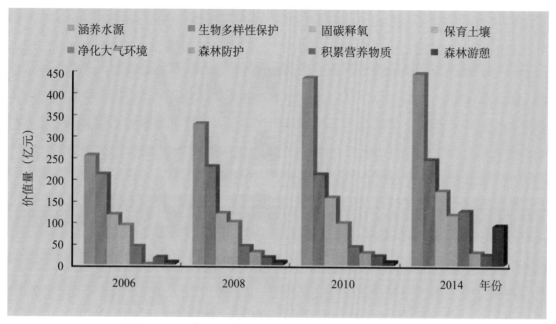

**图5-7 辽东山区生态公益林不同生态功能价值量**

农家乐、生态餐饮业务的发展，为林区人们增收创汇，促进当地经济的增长。对生态公益林的保护与合理利用，也必将得到林区人们的支持，这是多得多赢的举措。

**2. 不同年份生态公益林时空格局**

辽宁省生态公益林不同年份生态效益价值量呈现出逐渐递增的变化趋势（图5-8），这主要得益于对生态公益林的各种保护措施及优惠政策。公益林为人们提供的良好生态效益使人们的关注度逐渐增加，重视程度日益提高；同时，在获得生态公益林良好的生态效益后，辽宁省逐步扩大了公益林的范围，将更多的森林依规划分为公益林，扩大了公益林的范围，增加了公益林的面积。其次，随着辽宁省经济的发展，财力的增强以及对生态环境的需求，生态公益林的补助力度也在逐渐提高，补助额度逐渐增加，惠及更多的林区林农，公益林的面积得以保证。有些地方的生态公益林区拥有琳琅满目的各种农家乐和生态餐厅等，生态公益林区能够吸引更多的游客，增加了当地人们的收入，改善了他们的生活条件，提高生活水平，促进当地社会发展进步，得到人们的拥护和支持，增加了人们对于生态公益林保护的热情和动力。生态公益林为当地人们带来较好的经济效益，增加了人们对于生态公益林保护的积极性；人们对生态公益林的保护又使得生态公益林的质量增强，生态效益提升，进而能够提供更多更好更优的生态产品，发挥出更佳的生态效益。生态公益林为人们带来的生态效益以及人们对于生态公益林的保护是相互促进，相互影响，相得益彰，共同发展的，能够促使生态公益林生态、经济和社会效益协同发展。

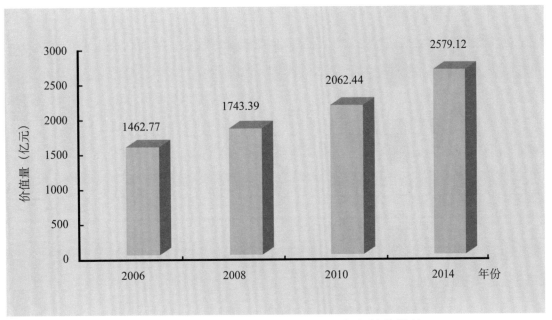

**图 5-8　辽宁省不同年份生态公益林生态效益价值量**

### 二、辽宁省生态公益林生态效益特征及其与区域生态需求吻合度

1.以水土保持为主导功能，保持水土效益显著

辽宁省生态公益林固土效益以辽东山区最多，其次为辽西北地区，最少的为辽中南平原沿海地区。以 2006 年为例（图 5-9），辽宁省生态公益林固土量以辽东山区为最多，这主要是因为辽东山区无论是从生态公益林面积还是从生态公益林质量上都处于绝对的优势。辽东山区，降水条件较好，降水量丰富，气候湿润，非常适合森林植被的生长。森林生长速率较快，林分结构复杂，林层多样，林下枯枝落叶丰富；再加上辽东山区人口较辽西北和中部地区相对较少，对森林的破坏和干扰相对较轻，从而使得辽东山区生态公益林固土效益最好。辽西北地区由于要抵挡科尔沁沙地的入侵，加之当地对生态公益林的政策扶持力度较大，生态公益林面积也较多，从而使得其固土量仅次于辽东山区，处于第二位。辽中南平原沿海地区是辽宁省的城市重心，城镇的大力开发和人口的汇集，挤占了森林的发展空间，森林面积相对较小，划分为生态公益林的面积更小，再加之森林质量不高，其固土效益最低。

在各地市行政区域单元中，以丹东、朝阳和抚顺市固土量最大，以沈阳、辽阳和盘锦市为最小（图 5-10）。这是因为丹东、抚顺市位于辽东山区，森林面积较大，质量较好，而且相对于沈阳和大连这样的大城市而言，开发和破坏程度较轻，人与林争地的矛盾还不是特别的尖锐，从而使得生态公益林生态效益较好。沈阳等城市的开发建设，挤压了森林的发展空间，使得能够划分为生态公益林的森林面积相对较少。大连市生态公益林固土量相对于沈阳市较高的原因是大连的城镇绿化特别突出，被誉为"建在花园里的城市"，其森林公园、河道两侧的绿化措施较好，生态公益林面积相对较大，从而使得大连市生态公益林固土量高于沈阳市。

在不同树种组中，以柞树组的水土保持功能为最强，这与柞树在辽宁省的分布格局有着重要关系。辽宁省境内流域及水系分布较多，按照国家大流域划分标准和便于河流管理工作的需要，将辽宁全省划分为三大流域七大水系。三大流域主要包括辽河流域、海河流域以及黑龙江流域，也称作是一级流域；七大水系包括辽河水系、鸭绿江水系、辽

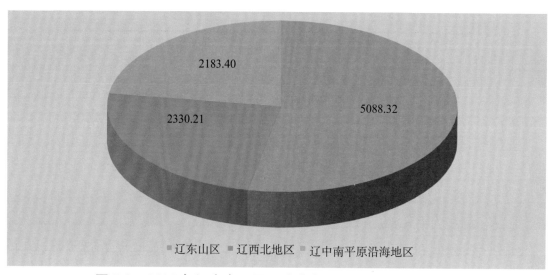

**图 5-9　2006 年辽宁省不同区域生态公益林固土量**（亿吨）

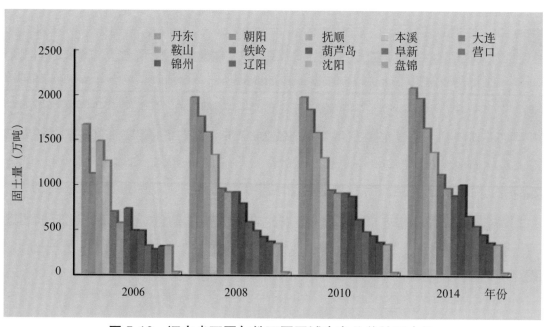

**图 5-10　辽宁省不同年份不同区域生态公益林固土量**

东湾西部沿渤海诸河水系、辽东湾东部沿渤海诸河水系、辽东沿黄海诸河水系、滦河水系、松花江水系，也称作为二级流域（辽宁省水利厅）。这些流域及水系遍布辽宁省各市，在流域及水系周围分布面积最大的树种就是柞树，对于调节径流、改善水质等方面起着重要的作用。森林是拦截降水的天然水库，具有强大的蓄水作用。其复杂的立体结构不但对降水进行再分配，还可以减弱降水对土壤的侵蚀，并且随着森林类型和降雨量的变化，树冠拦截的降雨量也不同。树冠截留量的大小取决于降雨量和降雨强度，并与林分组成、林龄、郁闭度等相关。柞树的树干奇特苍劲，树形优美多姿，枝繁叶茂，耐修剪、易造型，千姿百态，林冠截留效果较好，根系分布较匀称，林下枯落物相对丰厚，加之其在辽宁省的水域源头及水系周围大量分布，从而使得柞树涵养水源量和保育土壤量为最大。

在不同林龄中，以中、幼龄林的水土保持功能最强，这主要是因为这两个林龄的生态公益林面积较大，面积因子是决定功能最重要的因素之一。在同等条件下，近熟林和成熟林水土保持的功能应该是最强的，因为这两个林龄的林种垂直梯度上可以多层次分布，高低搭配，乔灌草相互配合，阳生和阴生植被共存，形成一个异龄多层复合混交林。林冠层能够很好地含蓄降水，同时也可以将水汽隐藏在林冠下层，增加森林涵养水源量；同时又对降水进行二次分配，影响到达地面的雨滴大小，减弱达到地面的雨滴动能，而且林下的草本和枯枝落叶又吸收了大量的雨滴动能，使得降水对林下不产生侵蚀或者侵蚀微乎其微，从而使得其涵养水源和保育土壤的功能较强。从水平梯度看，近熟林和成熟林经过长期的进化生长，已经形成多树种的混交林，林种结构复杂，生物多样性保护丰富，生态群落健康稳定，是一个优良健康的生态系统，其生态功能较强。然而由于生态公益林中、幼龄林的面积处于绝对优势，面积因子成为生态效益的主导因素，使得辽宁省生态公益林涵养水源和保育土壤功能又以中、幼龄林为最大（图5-11、图5-12）。

不同评估期，辽宁省生态公益林涵养水源和保育土壤的价值一直呈递增的变化趋势。除了受生态公益林面积因子增长影响外，还与评估方法逐渐完善，评估指标及因子逐步精细化有关。森林生态效益评估是站在国际前沿，结合中国社会的实际需求，由中国林业科学研究院王兵研究员设计提出，并带领学科组苦心钻研，对森林生态功能进行物质量和价值量评估，切实回答绿水青山价值多少金山银山的命题。从最初评估5个指标发展到现在的8大指标，评估方法日趋完善，评估结果日渐被大众所熟知并引起广泛的关注和重视。辽宁省生态公益林的生态效益四期评估正处于森林生态效益评估的快速发展阶段，评估方法日趋完善，评估指标日趋完整，评估因子更加科学合理，评估参数更加贴近实际，从而使得四期评估的价值量也越来越高。

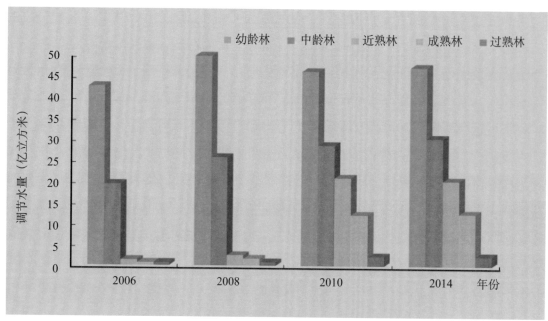

**图 5-11　辽宁省不同龄组生态公益林涵养水源量**

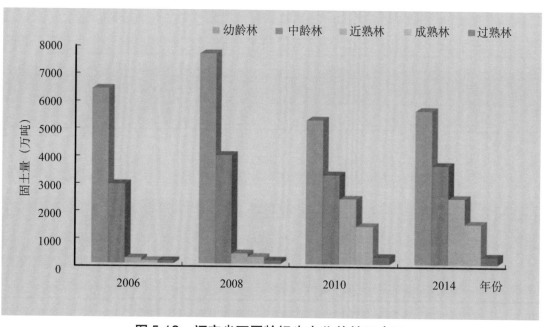

**图 5-12　辽宁省不同龄组生态公益林固土量**

2. 辽宁省生态公益林生物多样性效益较高

辽宁省生态公益林生物多样性保护价值量仅次于涵养水源价值量，在四次的评估中均位于第二位。辽宁省生态公益林生物多样性效益价值量较高，这主要是因为生态公益林多以天然林为主，林种结构复杂，林分类型多样，能够为生物提供更好的休憩场所，提供更多的食物和优良庇护所；有的生态公益林区是人迹罕至的地方，人类的破坏和干扰较小，生物多样性类型比较丰富；加之辽宁省生态公益林群落物种的丰富度多样性指数逐渐增加，乔木层、灌木层和草本层的 Simpson 指数和 Shannon-wiener 指数均显著提高，生物多样性价值也有所改观，从而使得辽宁省生态公益林区生物多样性效益价值量也较高。

3. 中、幼龄林生长旺盛，固碳释氧功能较强

辽宁省生态公益林以中、幼龄林的固碳释氧量为最大，这是因为这两个林龄的树种面积较大，生长速度较快，能够吸收更多二氧化碳，提高森林碳汇功能，抑制大气中二氧化碳浓度的上升，有效地起到绿色减排的作用（图 5-13）。分布在高山峡谷中的生态公益林，枯落物覆盖在地表，分解速率缓慢，甚至不分解，以有机质的形式覆盖在林下，这部分碳就被固定在土壤层中，增加了生态公益林的碳汇功能。随着辽宁省经济的发展，未来对能源的需求量还会增加，而辽宁省待发展地区的能源消耗又多以煤炭和薪炭为主，从而引起经济发展与能源碳排放增加的矛盾还将继续扩大。辽宁省生态公益林作为一个重要的碳汇，在落实林业"双增"（森林面积和蓄积量双增长）和应对气候变化中将会发挥出巨大的作用。

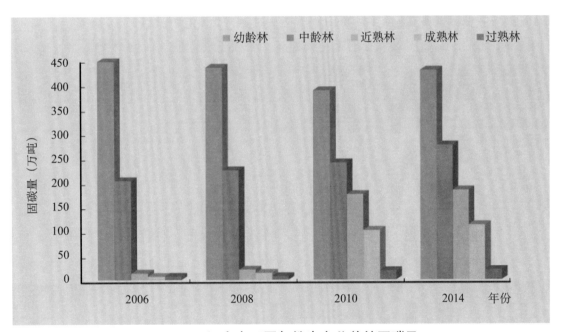

图 5-13　辽宁省不同年份生态公益林固碳量

4. 有效净化大气环境

辽宁省生态公益林吸收污染物和滞尘的功能以辽东山区为最大，并以中、幼龄林为最高。森林有高大的树干和稠密的树冠，是空气流动的巨大障碍，能够改变风速和风向，对粉尘有很强的阻挡和吸附过滤作用。当含尘量大的气流通过森林时，随着风速的降低，空气中颗粒较大的粉尘会迅速下降。植被的高蒸腾速率能使森林周围保持较高的湿度，增加

烟尘的水分含量，有助于灰尘和烟雾沉降到地面和植物的表面。树木的枝叶表面又常凸凹不平，有的表皮长有绒毛或者能够分泌出黏液或油脂，把粉尘黏在表面，这些枝叶经雨水冲洗后又会恢复滞尘的作用，从而使经过森林的气流含尘量大大降低。森林能够防风固沙，降低风速，减少风的携沙能力，使得风携带的沙物质沉降，起到防风减沙和净化空气的作用（Liu et al., 2003）；同时也能够阻挡沙粒，增大沙粒的起沙风速，使沙粒不能轻易飞扬，防风固沙效果较好。森林能不断地吸收有害气体，是大气的天然"净化器"。辽宁省生态公益林有利于改善大气环境，提高人民生活质量与幸福指数。

### 三、辽宁省生态公益林生态效益驱动力分析

本研究分别分析了政策因素、社会经济因素、自然环境因素对辽宁省生态公益林生态效益的驱动作用，阐述生态效益驱动力的主要作用，有助于充分理解生态公益林生态效益的时空格局形成与演变的内在机制，为进一步提升辽宁省生态公益林生态效益潜能提供依据和参考。

#### 1.政策、工程措施对辽宁省生态公益林生态效益驱动作用分析

政策是生态公益林生态效益的基本保障，工程是生态效益增强的具体措施。辽宁省于2001年被国家列入重点公益林补助试点省份，试点范围为包括鞍山、抚顺、本溪、丹东、辽阳、营口、铁岭7市，补助面积为2100万亩，也于同年开始实施省级天然林保护工程。2004年被国家正式确定为重点公益林补偿省份，补偿范围覆盖全省，补偿面积为2712.2万亩；同年启动了省级森林生态效益补偿机制，除列入天然林补偿范围外的609万亩地方公益林外，其余全部被列入补偿范围，这也标志着生态公益林保护机制在辽宁省的全面建立。2009年，国家扩大重点公益林补偿范围，划为重点公益林的疏林地、灌木林地、未成林造林地和宜林荒山全部被纳入国家补偿范围，至此全省国家公益林补偿面积为3434.3万亩。辽宁省形成了由国家森林生态效益补偿、省级生态效益补偿和省级天然林保护三项制度组成的森林生态效益补偿机制。各级政府根据国家有关规定，制定了相应的管理办法，逐级落实责任，把生态公益林的建设、保护和管理工作逐级推进，将生态效益林补偿工作作为各级林业主管部门的一项重要工作来抓；各级林业主管部门根据区划和资源档案将管护责任落实到山头地块，并会同财政部门，协调配合，采取有力措施，狠抓落实，在辽宁省基本形成了一个政府组织引导，林业、财政等多部门通力协作，农民积极参与的森林生态效益补偿工作机制。

为了更好地改善生态环境，更优地发挥森林的生态效益，更多地为人们提供优质的生活空间，辽宁省积极响应国家政策，结合本省实际，从多角度、多渠道、全方位科学地采取一系列林业工程措施，如退耕还林工程、"三北"工程、"两退一围"工程、青山工程、碧水工程、蓝天工程等，并采取相应配套政策和措施，保证各工程措施的顺利开展和积极推

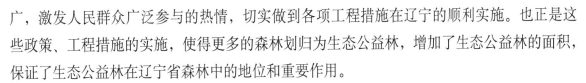

广，激发人民群众广泛参与的热情，切实做到各项工程措施在辽宁的顺利实施。也正是这些政策、工程措施的实施，使得更多的森林划归为生态公益林，增加了生态公益林的面积，保证了生态公益林在辽宁省森林中的地位和重要作用。

**2. 社会经济因素对辽宁省生态公益林生态效益驱动作用分析**

社会经济条件是辽宁省生态公益林建设的基础，是促进其生态效益增强的关键性因子。只有经济发展了，社会相对富裕了，人们才有保护森林的物质基础，否则，对于森林的保护以及生态公益林的划分就是一句空话，是没有办法实施的。经济条件是划分生态公益林的基础和先决条件，正是有了这个前提，人们才能追求更加健康的生存环境，才有了对生态公益林的定义、划分和保护。社会的进步，使得人们对生活质量的要求越来越高，已经不仅仅是满足于温饱，而是向着更健康、更快乐、更优质的生活方式转变，这就使得人们对清洁的空气、优质的水源、健康的食物的呼唤更加强烈。在这样的背景下，作为"地球卫士"的森林的作用就越发的凸现出来，就需要更多的优质森林。为了更好地对森林进行管护和经营，提高森林的质量，人为地划分出生态公益林，禁止一切砍伐和破坏，采取保护经营措施，增加其面积，提升其质量。同时，拿出一部分的资金对林区的百姓进行补助，获取人们对于生态公益林的理解和支持，促进生态公益林的建设。

同时，也应该看到，生态公益林的生态效益对社会经济的发展也具有促进作用，二者是相互促进、相互统一的综合体。生态公益林区的森林类型较好，能够提供更多的修身养生的场所，林区的水资源较好，空气清新，负氧离子含量较高。人们在忙碌之余，都想走近森林，走近大自然，亲近大自然，愉悦身心的同时，也改善身体健康。森林旅游的兴起，能够带动林区经济的发展，游客消费带来的经济利益，增加当地林农的经济收入，改善他们的生活条件和生存状况。林区也常常是贫困集中的地方，在全国脱贫攻坚的关键时期，如何更好地为林区林农创收增汇是解决林区贫困的基本措施和出路，而将生态效益转化为经济效益恰恰是最适用的方法之一。尤其是生态公益林分布的区域，生态环境较好，山青、水秀、地绿、天蓝，而这也是生活在城市中生活的人们最缺乏的生态产品，将这些生态产品转化为商品供销，是林农脱贫的最有效的渠道。在林区常常可以看到农家乐、生态园等经营性场所，这已成为林区人们经济收入的主要来源之一，而人们在享受到更多收益后，切切实实地体会到生态效益就是经济效益，也真真切切感受到习总书记的"绿水青山就是金山银山"的现实，会更加积极地投入到对生态公益林的建设和保护当中。所以，社会经济的发展是生态公益林建设的基础和保障，而生态公益林的建设又能反过来促进社会经济的进步和提升，对生态公益林的建设也是对社会经济发展的推动和助力。

**3. 自然环境因素对辽宁省生态公益林生态效益驱动作用分析**

自然环境因素也是生态公益林生态效益时空格局的重要驱动力，通过影响树木生长代谢过程、森林结构、森林生态系统能量流动与物质循环等方式，进而驱动辽宁省森林生态系统生态效益时空格局的演变。生态公益林生态效益在辽宁省的分布以辽东山区为最大，其次为辽西北地区，最小的为辽中南平原沿海地区。这是因为在辽宁地区，影响森林分布最主要的自然环境因素是降水因子，降水条件相对好的区域其森林生长状况也较好，而这样的林分又常常被划归为生态公益林，所以生态公益林与降水因子之间存在一定的关联性。辽东山区雨水条件较好，降水较为充沛，林下枯枝落叶层加上纵横交错的根系网，使得森林能够很好地涵养水源，将雨水固持在林内，减少径流的形成，降低雨水对土壤的侵蚀，使得辽东山区森林涵养水源和保育土壤效益相对较高。降水条件好，热量温度适宜，为植被生长创造了良好环境，使得植被能够快速的生长，光合作用相对较强，能够从大气中吸收更多二氧化碳，释放较多氧气，同时快速生长也意味着植物本身吸收积累更多的营养物质，从而使得辽东山区森林固碳释氧和林木积累营养物质的作用相对较高。森林生长健壮，林分结构较强，植被郁闭度较好，加上其林下灌木、草本植物丰富，能够为多种动植物提供良好的生境，增加了林内的生物多样性，使得辽东山区森林生物多样性保护价值量相对较高。辽东山区针叶树种又相对丰富，面积较大，而针叶树种的叶片可以分泌油脂或其他黏性物质，能够吸附部分沉降物；再加上其郁闭性较好，降低风速作用较强，使得空气中携带的大量颗粒物加速沉降；最重要的还是辽东山区降水相对较多，使得树种蒙尘之后，经过降水的淋洗作用，又恢复了滞尘能力，从而使得其净化大气环境的生态效益也较高。而辽东山区森林植被划分为生态公益林的面积较大，从而使得辽东山区生态公益林的生态效益较高。

## 第三节　辽宁省生态公益林定量化补偿研究

### 一、不同年份生态公益林生态效益补偿

辽宁省生态公益林生态效益分为中央和省级森林生态效益，补偿资金分别来源于中央财政森林生态效益补偿基金和地方森林生态效益补偿基金，不同年份生态效益的补偿见表5-1。

表 5-1　辽宁省生态公益林不同年份生态效益林补偿情况

| 年度 | 中央森林生态效益 | | 省级森林生态效益 | |
| --- | --- | --- | --- | --- |
| | 补偿面积（万亩） | 补偿资金（万元） | 补偿面积（万亩） | 补偿资金（万元） |
| 2004 | 2100 | 11050 | 1180 | 4130 |
| 2005 | 2100 | 10750 | 1789 | 5957 |
| 2006 | 2717.2 | 13586 | 1789 | 6262 |
| 2007 | 2717.2 | 13586 | 1789 | 6367 |
| 2008 | 2717.2 | 13586 | 1789 | 6367 |
| 2009 | 3434.3 | 17171 | 1799 | 6402 |
| 2010 | 3434.3 | 30553 | 2040.4 | 10202 |
| 2011 | 3434.3 | 30553 | 2040.4 | 10202 |
| 2012 | 3600 | 32186 | 2040.4 | 10202 |
| 2013 | 3600 | 46372 | 2040.4 | 10202 |
| 2014 | 3600 | 46372 | 2040.4 | 15001.8 |

　　辽宁省于 2004 年开始试点生态公益林的补偿，并于 2006 年开始正式实施生态公益林补偿，当年收到中央财政补偿下拨到资金 12227 万元，完成国家重点公益林补偿性支出的下达工作；地方公益林补偿标准由 2005 年的 3 元 /（亩·年）提高到 3.5 元 /（亩·年），补偿资金总额由 1827 万元增加到 2132 万元。2008 年，收到中央财政补偿下拨资金为 13586 万元，按照 5 元 /（年·亩）的补偿标准，完成 2717.2 万亩重点公益林的补偿任务；省财政补偿资金为 7147 万元，对重点公益林原试点区三种地类 105.2 万亩，按照 1 元 /（年·亩）的标准，补偿资金为 105 万元，省级地方公益林 609 万亩，按照 3.5 元 /（年·亩）的标准，补偿资金为 2132 万元，省级天然林保护 1180 万亩，按照 3.5 元 /（年·亩）的标准，补偿资金为 4130 万元，新增省补保护区内的集体公益林 148.5 万亩（面积已经含在公益林范围内），补偿标准为 5.25 元 /（年·亩），资金为 780 万元。2010 年，辽宁省国家级公益林补偿面积为 3434.3 万亩，补偿资金 30553 万元，比上一年度增加补偿资金 13382 万元，增幅高达 78%；地方公益林和天然林补偿标准由 3.5 元提高到 5 元，地方公益林补偿面积由 619 万亩扩大到了 860.4 万亩，增加了 241.4 万亩，补偿资金 10402 万元，增加 3800 万元，增幅为 53%。2014 年，辽宁省国家级公益林补偿资金为 46372 万元，地方公益林补偿资金为 15001 万元，地方公益林和天然林中集体和个人权属补偿标准由每年每亩 5 元提高到每年每亩 7.5 元，在此基础上将其中的国家和省级保护区补偿标准每年每亩再增加 2.5 元，补偿标准已达到 10 元。

## 二、基于人类发展指数的生态效益定量化补偿

随着人们对森林认识的逐渐加深，对森林生态效益的研究力度也在逐步加大，森林生态效益受到了各级政府部门的重视。对生态补偿的研究有利于生态效益评估工作的推进与开展，生态效益评估又有助于生态补偿制度的实施和利益分配的公平性。根据"谁受益、谁补偿，谁破坏、谁恢复"的原则，应该完善对重点生态功能区的生态补偿机制，形成相应的横向生态补偿制度，森林生态效益补偿可以更好地给予生态效益提供者相应的补助（牛香，2012；王兵，2015）。

### 1. 人类发展指数

人类发展指数的英文为：Human development index，即 HDI，主要用于整个人类发展情况的衡量。具体是从健康长寿、知识获取、生活水平三个维度开展（牛香，2012）。人类发展指数计算方式：

①建立维度指数：设定最小值和最大值（数据范围）以将指标转变为从 0 到 1 的数值。最大值指的是有数据记录以来所得到的最大数据，最小值指的是最低限度的合适数字。就国际研究惯例而言，预期寿命的最小值选择为 20 年，最高寿命的选择值为 83.5 年；平均受教育年限和预期受教育年限最小值均为 0%，最大为 100%；实际人均 GDP 为 100 美元和 40000 美元（牛香，2012）。维度指数 =（实际值 − 最小值）/（最大值 − 最小值）。

即：

$$X_1 = \frac{H - 20}{83.5 - 20} \tag{5-1}$$

$$X_2 = \sqrt{\frac{\left(\dfrac{E_1 - 0}{13.2 - 0}\right)\left(\dfrac{E_2 - 0}{20.6 - 0}\right)}{0.951 - 0}} \tag{5-2}$$

$$X_3 = -\frac{\ln w - \ln 100}{\ln 40000 - \ln 100} \tag{5-3}$$

式中：$X_1$——预期寿命指数；

　　　$X_2$——综合教育指数；

　　　$X_3$——收入指数；

　　　$H$——平均预期寿命，83.5 和 20 分别为预期寿命的最大值和最小值；

　　　$E_1$、$E_2$——平均上学年限和期望上学年限，13.2 和 0 平均上学年数的上下阈值；

　　　　　　20.6 和 0 代表期望上学年数的上下阈值；用几何平均法计算的教育指数的上下阈值为 0.951 和 0；

　　　$W$——人均 GNI（美元购买力平价），GNI 的上下阈值为 40000 美元和 100 美元。

②将这些指数合成即为人类发展指数的计算公式为：

$$HDI = \sqrt[3]{X_1 \cdot X_2 \cdot X_3} \qquad (5\text{-}4)$$

**2. 辽宁省生态公益林生态效益多功能定量化补偿**

基于人类发展指数的森林生态效益多功能定量化补偿法，主要是将各地财政收入水平作为了综合考虑背景，从而提出的适合本地区国情的补偿方式。森林生态效益定量化补偿系数 (BCXS) 的计算公式如下

$$BCXS_i = XFXS_i \cdot BCNL_i \qquad (5\text{-}5)$$

式中：$BCXS_i$——森林生态效益定量化补偿系数，通常将其简称为"补偿系数"；

$BCNL_i$——研究区的财政相对补偿能力指数

$XFXS_i$——研究区的人类发展基本消费指数。

$$XFXS_i = (C_1 + C_2 + C_3)/GDP_i \qquad (5\text{-}6)$$

式中：$C_1$——居民消费内容之中食品类支出；

$C_2$——居民消费内容之中医疗保健类支出；

$C_3$——居民消费内容之中文教娱乐用品及服务类支出；

$GDP_i$——某年国民生产总值。

$$BCNL_i = G_i / G \qquad (5\text{-}7)$$

式中：$G_i$——该区域财政收入；

$G$——全国财政收入。

所以森林生态效益多功能定量化补偿系数 (BCXS) 也可以改写为

$$BCXS = [(C_1 + C_2 + C_3)/GDP_i] \cdot (G_i/G) \qquad (5\text{-}8)$$

**3. 森林生态效益定量化补偿的总量**

从森林生态效益多功能定量化补偿系数可以进一步计算补偿总量，公式如下：

$$BCZL_i = BCXS \cdot V_i \qquad (5\text{-}9)$$

式中：$BCZL_i$——研究区的森林生态效益多功能定量化补偿总量，简称为："补偿总量"；

$V_i$——研究区的森林生态效益。

**4. 森林生态效益定量化补偿的额度**

从森林生态效益多功能定量化补偿系数可以进一步计算补偿额度，公式如下

$$BCED_i=BCZL_i / A_i \qquad (5\text{-}10)$$

式中：$BCED_i$——研究区的森林生态效益多功能定量化补偿额度，简称为"补偿额度"；

$A_i$——研究区的森林面积。

### 三、辽宁省生态公益林定量化补偿计算

#### 1. 辽宁省不同年份生态公益林定量化补偿探讨研究

目前的森林生态效益评估的相关研究结果都处于偏大的水平，造成生态系统服务功能的提供者很难与受益者之间达成共识，使得生态系统服务补偿的工作难以推进。因此，本研究采用基于人类发展指数的方法对辽宁省生态公益林进行定量化补偿研究，客观、公平地计算出辽宁省生态公益林生态效益补偿的价值量，提出基于人类发展指数的生态效益补偿总量和补偿额度，为更好地保护、利用辽宁省生态公益林提供科学依据。不同年份辽宁省生态公益林定量化补偿系数、补偿总量及补偿额度，详见表5-2。

表5-2　辽宁省生态公益林生态系统定量化补偿探讨研究

| 年份 | 政府支付意愿指数 | 补偿系数(%) | 补偿总量(亿元) | 补偿额度 | |
|---|---|---|---|---|---|
| | | | | 元/公顷 | 元/亩 |
| 2006 | 0.0442 | 0.53 | 7.73 | 227.76 | 15.18 |
| 2008 | 0.0448 | 0.52 | 8.99 | 261.77 | 17.45 |
| 2010 | 0.0464 | 0.49 | 10.16 | 292.52 | 19.50 |
| 2014 | 0.0445 | 0.44 | 11.38 | 333.37 | 22.22 |

从计算结果可以看出辽宁省生态公益补偿系数出现减少的变化趋势，补偿总量和补偿额度呈现逐渐增加的变化趋势，这主要与辽宁省逐渐加大对生态公益林的重视，对生态公益林的补偿逐步提升。生态公益林涵养水源功能较好，为保证辽宁省水源的安全，保证优良水质，就需要加大对江河源头生态公益林的防护，加大该地区的补偿力度，用经济的手段让人们得到实实在在的收益，提高人们保护水源及江河两岸区域植被的热情，保持集水区森林植被良好的生态状况，为水质和生态安全提供保障。2006、2008、2010和2014年辽宁省生态公益林生态效益补偿总量分别为7.73亿、8.99亿、10.16亿和11.38亿元/年，单位森林生态效益补偿额度为227.76元、261.77元、292.52元和333.37元/公顷，补偿总量逐渐增加，补偿额度逐步提升。然而这样的补偿虽然能够满足生态效益供给者的部分需求，但若要长久稳定的保持辽宁省生态公益林发挥良好的生态效益，需要政府再做出一些努力，增大生态补偿，让生态效益供给者能够完全享受和感受到生态效益带来的好处，以便更好

地保护生态公益林的生态安全。我们相信随着人们生活水平的不断提高，大家不再满足于高质量的物质生活，对舒适环境的追求已成为一种趋势，而森林生态系统对舒适环境的贡献已经形成共识，所以建议政府增加对辽宁省生态公益林生态效益的补偿额度，加大对生态公益林的保护力度，为人们的出行、旅游以及修身养性提供一个良好的场所。

2. 各地市的生态公益林定量化补偿

对于各地市的定量化补偿研究，从行政区划上看，辽宁省可以划分为14个地级市，且经济发展水平不一致，而原有的政策性补偿更多的是考虑区域经济的发展因素，依据地方财力补偿，没有顾忌到生态效益较大的区域经济的实际情况。显然这样的补偿方式更多地是与当地经济发展水平相一致的，与人们从生态系统获得的效益没有直接的相关关系，这样的补偿方式是不科学的。为了能够更加科学合理地实现生态效益的补偿，本研究选择森林生态效益补偿分配系数来确定各地区所获得的补偿总量及补偿额度。森林生态效益补偿分配系数是指该地区森林生态效益与全省森林生态效益的比值，该系数表明，某一地区只要森林生态效益越高，那么相应地获得的补偿总量就越多，反之亦然。森林生态效益补偿分配系数的计算公式如下

$$FPXS_j=V_{ij} / V_i \tag{5-10}$$

式中：$FPXS_j$——$j$ 市的分配系数；

$V_{ij}$——$i$ 省 $j$ 市的森林生态效益价值；

$V_i$——$i$ 省总的森林生态效益价值。

依据辽宁省生态公益林补偿总量，结合各个地市生态公益林的生态效益价值和面积，可以求算出不同地市不同年份生态公益林补偿额度。从表5-3中可以看出，在同一年份中，不同地市的生态公益林补偿总量以丹东、本溪市为最大，以盘锦、辽阳市为最小，这主要与各个地市的生态公益林面积有关。生态公益林面积较大，其产生的生态效益较高，生态服务功能较强，生态效益分配系数相应较大，补偿总量相对较高。同一地市在不同年份的生态效益补偿总量呈现出递增的变化趋势，这主要与国家及辽宁省的补偿政策，以及评估的不同年份的生态效益有关。辽宁省从2004年开始试点生态公益林的补偿开始，国家以及辽宁省对生态公益林的重视程度逐渐加大，对生态公益林的补偿额度也不断增加，再加上生态公益林生态效益的递增，从而使得同一市区的生态公益林补偿总量出现递增的变化。

3. 不同优势树种组生态效益定量化补偿

选择落叶松组、油松组、柞树组、刺槐组、杨树组和灌木林组进行不同优势树种组的补偿研究，依据森林生态效益多功能定量化补偿系数计算，得出不同的树种组的补偿总量和补偿额度（表5-4）。

表5-3　辽宁省各地市生态公益林生态效益定量化补偿探讨研究

| 区域 | 2006年 | | 2008年 | | 2010年 | | 2014年 | |
|---|---|---|---|---|---|---|---|---|
| | 补偿总量（亿元） | 补偿额度（元/公顷） | 补偿总量（亿元） | 补偿额度（元/公顷） | 补偿总量（亿元） | 补偿额度（元/公顷） | 补偿总量（亿元） | 补偿额度（元/公顷） |
| 抚顺 | 0.70 | 215.72 | 0.80 | 242.79 | 0.88 | 262.95 | 0.92 | 283.65 |
| 丹东 | 1.44 | 291.51 | 1.29 | 260.02 | 1.26 | 266.09 | 1.35 | 290.63 |
| 本溪 | 1.06 | 274.95 | 1.09 | 277.86 | 1.11 | 286.38 | 1.15 | 305.64 |
| 铁岭 | 0.44 | 213.33 | 0.47 | 220.91 | 0.50 | 232.56 | 0.52 | 252.11 |
| 朝阳 | 0.68 | 189.35 | 0.76 | 205.54 | 0.84 | 214.10 | 0.89 | 234.83 |
| 鞍山 | 0.26 | 172.95 | 0.32 | 214.33 | 0.33 | 232.71 | 0.34 | 249.35 |
| 大连 | 0.64 | 257.80 | 0.57 | 225.28 | 0.58 | 228.58 | 0.61 | 241.26 |
| 葫芦岛 | 0.30 | 187.17 | 0.32 | 194.34 | 0.37 | 208.29 | 0.40 | 226.77 |
| 阜新 | 0.16 | 100.80 | 0.29 | 176.24 | 0.35 | 186.46 | 0.34 | 193.55 |
| 营口 | 0.16 | 193.10 | 0.15 | 181.00 | 0.17 | 194.24 | 0.17 | 205.19 |
| 辽阳 | 0.09 | 175.13 | 0.14 | 257.87 | 0.16 | 277.64 | 0.15 | 290.76 |
| 沈阳 | 0.18 | 164.43 | 0.24 | 222.25 | 0.27 | 252.89 | 0.31 | 278.24 |
| 锦州 | 0.15 | 164.11 | 0.17 | 181.77 | 0.19 | 190.56 | 0.21 | 210.61 |
| 盘锦 | 0.01 | 182.52 | 0.02 | 187.13 | 0.02 | 192.24 | 0.02 | 207.11 |

表5-4　辽宁省生态公益林不同优势树种组生态效益定量化补偿探讨研究

| 树种组 | 2006年 | | 2008年 | | 2010年 | | 2014年 | |
|---|---|---|---|---|---|---|---|---|
| | 补偿总量（亿元） | 补偿额度（元/公顷） | 补偿总量（亿元） | 补偿额度（元/公顷） | 补偿总量（亿元） | 补偿额度（元/公顷） | 补偿总量（亿元） | 补偿额度（元/公顷） |
| 落叶松组 | 0.20 | 192.33 | 0.24 | 198.06 | 0.27 | 207.83 | 0.29 | 228.37 |
| 油松组 | 0.88 | 146.82 | 0.94 | 153.59 | 1.03 | 167.42 | 1.16 | 193.82 |
| 柞树组 | 4.19 | 306.18 | 4.41 | 320.39 | 4.54 | 332.18 | 4.74 | 351.82 |
| 刺槐组 | 0.49 | 304.17 | 0.54 | 316.19 | 0.61 | 327.19 | 0.55 | 354.95 |
| 杨树组 | 0.59 | 215.19 | 0.65 | 231.88 | 0.76 | 245.72 | 0.88 | 264.82 |
| 灌木林 | 0.71 | 130.80 | 0.79 | 145.84 | 0.88 | 164.82 | 1.02 | 185.19 |

　　由于不同年份辽宁省各树种组所占价值量的比例不同，导致其生态效益的分配系数差异较大，从而使得不同优势树种组的补偿总量以及补偿额度也不同。在同一年份中，补偿总量最大的是柞树组，最小的是落叶松组；补偿额度最大的是柞树组，最小的是灌木林组，这与不同优势树种组的面积及树种组产生的生态效益不同有关。同一优势树种组在不同年份中补偿总量总量和补偿呈现递增的变化趋势，这主要与不同优势树种组的生态效益以及生态公益林的补偿资金有关。

# 参考文献

国家林业部.1982.关于颁发《森林资源调查主要技术规定》的通知(林资字[1982]第10号).

国家林业局.2003.关于认真贯彻执行《森林资源规划设计调查主要技术规定》的通知(林资发〔2003〕61号).

国家发展与改革委员会能源研究所(原国家计委能源所).1999.能源基础数据汇编(1999)[G].16.

国家林业局.2004.国家森林资源连续清查技术规定[S].

国家林业局.2007.干旱半干旱区森林生态系统定位监测指标体系(LY/T 1688—2007)[S].北京：中国标准出版社.

国家林业局.2007.暖温带森林生态系统定位观测指标体系(LY/T 1689—2007)[S].北京：中国标准出版社.

国家林业局.2007.热带森林生态系统定位观测指标体系(LY/T 1687—2007)[S].北京：中国标准出版社.

国家林业局.2003.森林生态系统定位观测指标体系(LY/T 1606—2003)[S].北京：中国标准出版社.

国家林业局.2005.森林生态系统定位研究站建设技术要求(LY/T 1626—2005)[S].北京：中国标准出版社.

国家林业局.2010.森林生态系统定位研究站数据管理规范(LY/T1872—2010)[S].北京：中国标准出版社.

国家林业局.2008.森林生态系统服务功能评估规范(LY/T 1721—2008)[S].北京：中国标准出版社.

国家林业局.2016.森林生态系统长期定位观测方法(GB/T 33027—2016)[S].北京：中国标准出版社.

国家林业局.2010.森林生态站数字化建设技术规范(LY/T1873—2010)[S].北京：中国标准出版社.

国家林业局.2007.湿地生态系统定位观测指标体系(LY/T 1707—2007)[S].北京：中国标准出版社.

国家林业局.2014.中国林业统计年鉴2014[M].北京：中国林业出版社.

辽宁省水利厅.2015.辽宁省水资源公报 2015[R].

辽宁省水利厅.2007.辽宁省水资源公报 2007[R].

辽宁省水利厅.2015.辽宁省水利公报 [R].

辽宁省统计局,国家统计局辽宁省调查总队.2015.辽宁省统计年鉴 [M].北京:中国统计出版社.

辽宁省统计局,国家统计局辽宁省调查总队.2014.辽宁省统计年鉴 [M].北京:中国统计出版社.

辽宁省统计局,国家统计局辽宁省调查总队.2016.辽宁省 2015 年国民经济和社会发展统计公报 [R].

辽宁省统计局,辽宁省统计信息网.2015.2014 年辽宁省国民经济和社会发展统计公报 [R].

韩雪颖,许嘉玥.辽宁 2016 年实现旅游总收入 4225 亿元 预计今年同比增长 12 %[EB/OL],(2017-02-14).http://news.163.com/17/0214/17/CD8IM05M00014AEF.html.

张文.辽宁省水土保持规划（2016--2030 年）[EB/OL]（2016-12-14）.http://www.lnjn.gov.cn/news/nongyeyaowen/2016/12/604326.shtml.

曹忠杰,蔡景平,何建明,等.2007.辽宁省第四次土壤侵蚀遥感普查成果分析 [J].水土保持应用技术,(5): 21-22.

蔡炳花,王兵,杨国亭,等.2014.黑龙江省森林与湿地生态系统服务功能研究 [M].哈尔滨:东北林业大学出版社.

董秀凯,王兵,耿绍波.2014.吉林省露水河林业局森林生态连清与价值评估报告 [M].长春:吉林大学出版社.

房瑶瑶.2015.森林调控空气颗粒物功能及其与叶片微观结构关系的研究——以陕西省关中地区森林为例 [D].北京:中国林业科学研究院.

房瑶瑶,王兵,牛香.2015.陕西省关中地区主要造林树种大气颗粒物滞纳特征 [J].生态学杂志,34(6): 1516-1522.

郭慧.2014.森林生态系统长期定位观测台站布局体系研究 [D].北京:中国林业科学研究院.

李宁.2017.辽宁省西北地区灌木群落与环境关系的研究 [J].山东林业科技,1: 65-68.

李双成,杨勤业.2000.中国森林资源动态变化的社会经济学初步分析 [J].地理研究,19(1): 1-7.

李红艳.落叶松起源演化与利用价值述评 [J].安徽林业科技,2013,39(1):44-47.

李景全,牛香,曲国庆,等.2017.山东省济南市森林与湿地生态系统服务功能研究 [M].北京:中国林业出版社.

刘革,郭纯一.2009.辽宁省水资源状况与分布特点 [J].东北水利水电,27(6): 30-31.

牛萍,张晓光.2010.辽宁水土保持现状分析及治理建议 [J].农业科技与装备,(6): 70-72.

牛香 , 王兵 . 2012. 基于分布式测算方法的福建省森林生态系统服务功能评估 [J]. 中国水土保
　　持科学 , 10(2): 36-43.

牛香 . 2012. 森林生态效益分布式测算及其定量化补偿研究——以广东和辽宁省为例 [D]. 北
　　京 : 北京林业大学 .

牛香 , 薛恩东 , 王兵 , 等 . 2017. 森林治污减霾功能研究——以北京市和陕西关中地区为例 [M].
　　北京 : 科学出版社 .

邱仁辉 , 杨玉盛 , 陈光水 , 等 . 2000. 森林经营措施对土壤的扰动和压实影响 [J]. 山地学报 ,
　　18(3): 231-236.

潘勇军 . 2013. 基于生态 GDP 核算的生态文明评价体系构建 [D]. 北京 : 中国林业科学研究院 .

全国绿化委员会 , 国家林业局 . 2001. 关于开展古树名木普查建档工作的通知 ( 全绿字
　　[2001]15 号 )[R].

任军 , 宋庆丰 , 山广茂 , 等 . 2016. 吉林省森林生态连清与生态系统服务研究 [M]. 北京 : 中国
　　林业出版社 .

孙晓阳 . 2011. 辽宁省水资源状况分析 [J]. 内蒙古水利 , (1): 61-63.

宋庆丰 . 2015. 中国近 40 年森林资源变迁动态对生态功能的影响研究 [D]. 北京 : 中国林业科
　　学研究院 .

夏尚光 , 牛香 , 苏守香 , 等 . 2016. 安徽省森林生态连清与生态系统服务研究 [M]. 北京 : 中国
　　林业出版社 .

王兵 , 崔向慧 , 杨锋伟 . 2004. 中国森林生态系统定位研究网络的建设与发展 [J]. 生态学杂志 ,
　　23(4): 84-91.

王兵 , 崔向慧 . 2003. 全球陆地生态系统定位研究网络的发展 [J]. 林业科技管理 , (2): 15-21.

王兵 , 宋庆丰 . 2012. 森林生态系统物种多样性保育价值评估方法 [J]. 北京林业大学学报 ,
　　34(2): 157-160.

王兵 . 2011. 广东省森林生态系统服务功能评估 [M]. 北京 : 中国林业出版社 .

王兵 , 鲁绍伟 . 2009. 中国经济林生态系统服务价值评估 [J]. 应用生态学报 , 20(2): 417-425.

王兵 , 鲁绍伟 , 尤文忠 , 等 . 2010. 辽宁省森林生态系统服务价值评估 [J]. 应用生态学报 , (7):
　　1792-1798.

王兵 , 马向前 , 郭浩 , 等 . 2009. 中国杉木林的生态系统服务价值评估 [J]. 林业科学 , 45(4):
　　124-130.

王兵 , 任晓旭 , 胡文 . 2011. 中国森林生态系统服务功能的区域差异研究 [J]. 北京林业大学学
　　报 , 33(2): 43-47.

王兵 , 任晓旭 , 胡文 . 2011. 中国森林生态系统服务功能及其价值评估 [J]. 林业科学 , 47(2):
　　145-153.

王兵, 魏江生, 胡文. 2011. 中国灌木林 - 经济林 - 竹林的生态系统服务功能评估 [J]. 生态学报, 31(7): 1936-1945.

王兵, 郑秋红, 郭浩. 2008. 基于 Shannon-Wiener 指数的中国森林物种多样性保育价值评估方法 [J]. 林业科学研究, 21(2): 268-274.

王兵, 魏江生, 胡文. 2009. 贵州省黔东南州森林生态系统服务功能评估 [J]. 贵州大学学报: 自然科学版, 26(5): 42-47.

杨国亭, 王兵, 殷彤, 等. 2016. 黑龙江省森林生态连清与生态系统服务研究 [M]. 北京: 中国林业出版社.

张维康. 2016. 北京市主要树种滞纳空气颗粒物功能研究 [D]. 北京: 北京林业大学.

张永利, 杨锋伟, 王兵, 等. 2010. 中国森林生态系统服务功能研究 [M]. 北京: 科学出版社.

甄江红, 刘果厚, 李百岁. 2006. 内蒙古森林资源动态分析与评价 [J]. 干旱区资源与环境, 20(5): 145-152.

中华人民共和国水利部. 2015. 2015 年中国水土保持公报 [R].

中国森林生态服务功能评估项目组. 2010. 中国森林生态服务功能评估 [M]. 北京: 中国林业出版社.

中国人民共和国国家标准. 2010. 森林资源规划设计调查技术规程（GB/T 26424—2010）[S].

中华人民共和国国家统计局. 2015. 中国统计年鉴 (2015)[M]. 北京: 中国统计出版社.

中华人民共和国水利部. 2010. 全国水利发展统计公报 [R].

中华人民共和国水利部. 2014. 2014 年中国水土保持公报 [R].

中华人民共和国卫生部. 2013. 中国卫生统计年鉴 (2013)[M]. 北京: 中国协和医科大学出版社.

Ali A A, Xu C, Rogers A, et al. 2015. Global-scale environmental control of plant photosynthetic capacity [J]. Ecological Applications, 25(8): 2349-2365.

Alifragis D, Smiris P, Maris F et al. 2001. The effect of stand age on the accumulation of nutrients in the aboveground components of an Aleppo pine ecosystem[J]. Forest Ecology and Management, 141:259-269.

Bellassen V, Viovy N, Luyssaert S, et al. 2011. Reconstruction and attribution of the carbon sink of European forests between 1950 and 2000[J]. Global Change Biology, 17(11): 3274-3292.

Calzadilla P I, Signorelli S, Escaray F J, et al. 2016. Photosynthetic responses mediate the adaptation of two Lotus japonicus ecotypes to low temperature[J]. Plant Science, 250: 59-68.

Carroll C, Halpin M, Burger P, et al. 1997. The effect of crop type, crop rotation, and tillage practice on runoff and soil loss on a Vertisol in central Queensland[J]. Australian Journal of Soil Research, 35(4): 925-939.

Constanza R, d' Arge R, de Groot R, et al. 1997. The value of the world's ecosystem services and natural capital. Nature, 387: 253-260.

Daily G C, et al. 1997. Nature's Services: Societal Dependence on Natural Ecosystems[M]. Washington DC: Island Press. Environment, 11 (2): 1008-1016.

Deng H B, Wang Y M, Zhang Q X. 2006. On island landscape pattern of forests in Helan Mountain and its cause of formation[J]. Series E Technological Sciences, 49:45-53.

Fang J Y, Wang G G, Liu G H, et al. 1998. Forest biomass of China: An estimate based on the biomass-volume relationship[J]. Ecological Applications, 8(4): 1084-1091.

Fang J Y, Chen A P, Peng C H, et al. 2001. Changes in Forest Biomass Carbon Storage in China Between 1949 and 1998[J]. Science, 292: 2320-2322.

Feng L, Cheng S K, Su H, et al. 2008. A theoretical model for assessing the sustainability of ecosystem services[J]. Ecological Economy, 4: 258-265.

Fu B J, Liu Y, Lü Y et al. 2011. Assessing the soil erosion control service of ecosystems change in the Loess Plateau of China[J]. Ecological Complexity, 8(4): 284-293.

Gilley J E, Risse L M.2000. Runoff and soil loss as affected by the application of manure[J]. Transactions of theAmerican Society of Agricultural Engineers, 43(6): 1583-1588.

Hofman J, Stokkaer I, Snauwaert L, et al. 2013. Spatial distribution assessment of particulate matter in an urban street canyon using biomagnetic leaf monitoring of tree crown deposited particle[J]. Environment Pollution, 183:123-132.

Hwang H, Yook S, Ahn K. 2011. Experimental investigation of submicron and ultrafine soot particle removal by tree leaves[J]. Atmospheric Environment, 45(38):6978-6994.

Hagit Attiya. 2008. 分布式计算 [M]. 北京 : 电子工业出版社 .

IPCC. 2003. Good Practice Guidance for Land Use, Land-Use Change and Forestry[J] . The Institute for Global Environmental Strategies (IGES).

Johan B, Hooshang M. 2000. Accumulation of Nutrients in Above and Below Ground Biomass in Response to Ammonium Sulphate Addition in a Norway Spruce Stand in Southwest Sweden[J]. Acid rain, 1049-1054.

Kamoi S, Suzuki H, Yano Y, et al. 2014. Tree and forest effects on air quality and human health in the United States[J]. Environment Pollution, 193(4):119-129.

Li L, Wang W, Feng J L, et al. 2010. Composition, source, mass closure of PM2.5 aerosols for four forests in eastern China[J]. Journal of Environmental Sciences. 3:405-409.

Li F J, Dong S C, Li S T, Li Zehong, et al. 2014. Measurement and Scenario Simulation of Effect of Urbanisation on Regional CO2 Emissions Based on UEC-SD Model: A Case Study in Liaoning

Province, China[J]. Chinese Geographical Science, 1-11.

Liu M, Li C L, Hu Y M,et al. 2015. Combining CLUE-S and SWAT Models to Forecast Land Use Change and Non-point Source Pollution Impact at a Watershed Scale in Liaoning Province, China[J]. Chinese Geographical Science, 5:1-11.

Liu Y S, Gao J, Yang Y F. 2003. A holistic approach towards assessment of severity of land degradation along the great wall in northern Shaanxi Province, China[J]. Environmental Monitoring and Assessment, 82(2): 187-202.

MA (Millennium Ecosystem Assessment). 2005. Ecosystem and Human Well-Being: Synthesis[M]. Washington D C: Island Press.

Murty D, McMurtrie R E.2000. The decline of forest productivity as stands age: a model-based method for analysing causes for the decline[J]. Ecological modelling, 134(2): 185-205.

Neinhuis C, Barthlott W. 1998. Seasonal changes of leaf surface contamination in beech, oak, and ginkgo in relation to leaf micromorphology and wettability. New Phytologist, 138(1):91-98.

Nikolaev A N, Fedorov P P, Desyatkin A R. 2011. Effect of hydrothermal conditions of permafrost soil on radial growth of larch and pine in Central Yakutia [J]. Contemporary Problems of Ecology, 4(2): 140-149.

Niu X, Wang B, Wei W J. 2013. Chinese Forest Ecosystem Research Network: A Plat Form for Observing and Studying Sustainable Forestry [J]. Journal of Food, Agriculture & Environment, 11(2):1232-1238.

Niu X, Wang B. 2013. Assessment of forest ecosystem services in China: A methodology [J]. Journal of Food, Agriculture & Environment, 11 (3&4): 2249-2254.

Palmer M A, Morse J, Bernhardt E, et al. 2004. Ecology for a crowed planet [J]. Science, 304: 1251-1252.

Pang Y, Zhang B P, Zhao F, et al. 2013. Omni-Directional Distribution Patterns of Montane Coniferous Forest in the Helan Mountains of China[J]. J. Mt. Sci, 10(5): 724-733.

Post W M, Emanuel W R, Zinke P J, et al. 1982. Soil carbon pools and world life zones[J]. Nature, 298: 156-159.

Ritsema C J. 2003.Introduction: Soil erosion and participatory land use planning on the Loess Plateau in China[J]. Catena, 54(1): 1-5.

Smith N G, Dukes J S. 2013. Plant respiration and photosynthesis in global scale models: incorporating acclimation to temperature and $CO_2$ [J]. Global Change Biology, 19(1): 45-63.

Song C, Woodcock C E. Monitoring forest succession with multitemporal Landsat images: Factors of uncertainty [J]. IEEE Transactions on Geoscience and Remote Sensing, 2003, 41(11): 2557-

2567.

Sutherland W J, Armstrong-Brown S, Armsworth P R, et al. 2006. The identification of 100 ecological questions of high policy relevance in the UK [J]. Journal of Applied Ecology, 43: 617-627.

Tan M H, Li X B, Xie H. 2005. Urban land expansion and arable land loss in China: A case study of Beijing-Tianjin-Hebei region[J]. Land Use Policy, 22(3): 187-196.

Tekiehaimanot Z. 1991. Rainfall interception and boundary conductance in relation to trees pacing[J]. Jhydrol, 123:261-278.

Wainwright J, Parsons A J, Abrahams A D. 2000. Plot-scale studies of vegetation, overland flow and erosion interactions : case studies from Arizona and New Mexico: Linking hydrology and ecology[J]. Hydrological processes.

Wang B, Cui X H, Yang F W. 2004. Chinese forest ecosystem research network (CFERN) and its development [J]. China E-Publishing, 4: 84-91.

Wang B, Wei W J, Xing Z K, et al. 2012. Biomass Carbon Pools of Cunninghamia Lanceolata (Lamb.) Hook [J]. Forests in Subtropical China: Characteristics and Potential. ScandinavianJournal of Forest Research, 1-16.

Wang B, Wei W J, Liu C J, et al. 2013. Biomass and Carbon Stock in Moso Bamboo Forests in Subtropical China: Characteristics and Implications [J]. Journal of Tropical Forest Science, 25(1): 137-148.

Wang B, Wang D, Niu X. 2013. Past, Present and Future Forest Resources in China and the Implications for Carbon Sequestration Dynamics [J]. Journal of Food, Agriculture & Environment, 11(1): 801-806.

Wang D, Wang B, Niu X. 2014. Forest carbon sequestration in China and its benefits [J]. Scandinavian Journal of Forest Research, 29 (1): 51-59.

Wang R, Sun Q, Wang Y, et al. 2017.Temperature sensitivity of soil respiration: Synthetic effects of nitrogen and phosphorus fertilization on Chinese Loess Plateau [J]. Science of The Total Environment, 574: 1665-1673.

Wang Z Y, Wang G Q, Huang G H. 2008. Modeling of state of vegetation and soil erosion over large areas[J]. International Journal of Sediment Research, 23:181-196.

Xiao L, Xue S, Liu G B et al. 2014. Fractal features of soil profiles under different land use patterns on the Loess Plateau, China[J]. Journal of Arid Land, 6(5): 550-560.

Xue P P, Wang B, Niu X. 2013. A Simplified Method for Assessing Forest Health, with Application to Chinese Fir Plantations in Dagang Mountain, Jiangxi, China [J]. Journal of Food, Agriculture

& Environment, 11(2):1232-1238.

Yang J, Zeng Z X, Cai X F, et al. 2013.Carbon and oxygen isotopes analyses for the Sinian carbonates in the Helan Mountain, North China[J]. Chinese Science Bulletin, 32:1-13.

You W Z, Wei W J, Zhang H D. 2013. Temporal patterns of soil CO2 efflux in a temperate Korean Larch(Larix olgensis Herry.) plantation, Northeast China [J]. Trees, 27 (5): 1417-1428.

Zhang B, Li W H, Xie G D, et al. 2010. Water conservation of forest ecosystem in Beijing and its value[J]. Ecological Economics, 69(7): 1416-1426.

Zhang W, He M Y, Li Y H, et al. 2012. Quaternary glacier development and the relationship between the climate change and tectonic uplift in the Helan Mountain[J]. Chinese Science Bulletin, 57 (34): 4491-4504.

Zhang W K, Wang B, Niu X. 2015.Study on the adsorption capacities for airborne particulates of landscape plants in different polluted regions in Beijing (China) [J]. International journal of environmental research and public health, 12(8): 9623-9638.

# 名词术语

**生态文明**

生态文明是指人类遵循人与自然、人与社会和谐协调，共同发展的客观规律而获得的物质文明与精神文明成果，是人类物质生产与精神生产高度发展的结晶，是自然生态和人文生态和谐统一的文明形态。

**生态系统功能**

生态系统的自然过程和组分直接或间接地提供产品和服务的能力，包括生态系统服务功能和非生态系统服务功能。

**生态系统服务**

生态系统中可以直接或间接地为人类提供的各种惠益，生态系统服务建立在生态系统功能的基础之上。

**生态系统服务转化率**

生态系统实际所发挥出来的服务功能占潜在服务功能的比率，通常用百分比（%）表示。

**森林生态系统修正系数**

基于森林生物量决定林分的生态质量这一生态学原理，森林生态功能修正系数是指评估林分生物量和实测林分生物量的比值。反映森林生态服务评估区域森林的生态功能状况，还可以通过森林生态质量的变化修正森林生态系统服务的变化。

**森林生态效益定量化补偿**

政府根据森林生态效益的大小对生态系统服务提供者给予的补偿。

**森林生态系统服务全指标体系连续观测与清查（简称：森林生态连清）**

森林生态系统服务全指标体系连续观测与清查（简称"森林生态连清"）是以生态地

理区划为单位，以国家现有森林生态站为依托，采用长期定位观测技术和分布式测算方法，定期对同一森林生态系统服务进行重复的全指标体系观测与清查，它与国家森林资源连续清查耦合，用以评价一定时期内森林生态系统的服务，以及进一步了解森林生态系统的动态变化。这是生态文明建设赋予林业行业的最新使命和职能，同时可为国家生态建设发挥重要支撑作用。

### 森林生态功能修正系数（FEF-CC）

基于森林生物量决定林分的生态质量这一生态学原理，森林生态功能修正系数是指评估林分生物量和实测林分生物量的比值。反映森林生态服务评估区域森林的生态质量状况，还可以通过森林生态功能的变化修正森林生态系统服务的变化。

### 贴现率

又称门槛比率，指用于把未来现金收益折合成现在收益的比率。

### 绿色 GDP

在现行 GDP 核算的基础上扣除资源消耗价值和环境退化价值。

### 生态 GDP

在现行 GDP 核算的基础上，减去资源消耗价值和环境退化价值，加上生态系统的生态效益，也就是在绿色 GDP 核算体系的基础上加入生态系统的生态效益。

# 附 表

### 表1 IPCC 推荐使用的木材密度 ($D$)

单位：吨干物质/立方米鲜材积

| 气候带 | 树种（组） | $D$ | 气候带 | 树种（组） | $D$ |
|---|---|---|---|---|---|
| 北方生物带、温带 | 冷杉 | 0.40 | 热带 | 陆均松 | 0.46 |
| | 云杉 | 0.40 | | 鸡毛松 | 0.46 |
| | 铁杉柏木 | 0.42 | | 加勒比松 | 0.48 |
| | 落叶松 | 0.49 | | 楠木 | 0.64 |
| | 其他松类 | 0.41 | | 花榈木 | 0.67 |
| | 胡桃 | 0.53 | | 桃花心木 | 0.51 |
| | 栎类 | 0.58 | | 橡胶 | 0.53 |
| | 桦木 | 0.51 | | 楝树 | 0.58 |
| | 槭树 | 0.52 | | 椿树 | 0.43 |
| | 樱桃 | 0.49 | | 柠檬桉 | 0.64 |
| | 其他硬阔林 | 0.53 | | 木麻黄 | 0.83 |
| | 椴树 | 0.43 | | 含笑 | 0.43 |
| | 杨树 | 0.35 | | 杜英 | 0.40 |
| | 柳树 | 0.45 | | 猴欢喜 | 0.53 |
| | 其他软阔类 | 0.41 | | 银合欢 | 0.64 |

资料来源：引自 IPCC (2003)。

### 表2 不同树种（组）单木生物量模型及参数

| 序号 | 公式 | 树种组 | 建模样本数 | 模型参数 | |
|---|---|---|---|---|---|
| | | | | $a$ | $b$ |
| 1 | $B/V=a(D^2H)b$ | 杉木类 | 50 | 0.788432 | −0.069959 |
| 2 | $B/V=a(D^2H)b$ | 马尾松 | 51 | 0.343589 | 0.058413 |
| 3 | $B/V=a(D^2H)b$ | 南方阔叶类 | 54 | 0.889290 | −0.013555 |
| 4 | $B/V=a(D^2H)b$ | 红松 | 23 | 0.390374 | 0.017299 |
| 5 | $B/V=a(D^2H)b$ | 云冷杉 | 51 | 0.844234 | −0.060296 |
| 6 | $B/V=a(D^2H)b$ | 落叶松 | 99 | 1.121615 | −0.087122 |
| 7 | $B/V=a(D^2H)b$ | 胡桃楸、黄波罗 | 42 | 0.920996 | −0.064294 |
| 8 | $B/V=a(D^2H)b$ | 硬阔叶类 | 51 | 0.834279 | −0.017832 |
| 9 | $B/V=a(D^2H)b$ | 软阔叶类 | 29 | 0.471235 | 0.018332 |

资料来源：引自李海奎和雷渊才（2010）。

表 3 IPCC 推荐使用的生物量转换因子 (*BEF*)

| 编号 | *a* | *b* | 森林类型 | $R^2$ | 备注 |
|---|---|---|---|---|---|
| 1 | 0.46 | 47.50 | 冷杉、云杉 | 0.98 | 针叶树种 |
| 2 | 1.07 | 10.24 | 桦木 | 0.70 | 阔叶树种 |
| 3 | 0.74 | 3.24 | 木麻黄 | 0.95 | 阔叶树种 |
| 4 | 0.40 | 22.54 | 杉木 | 0.95 | 针叶树种 |
| 5 | 0.61 | 46.15 | 柏木 | 0.96 | 针叶树种 |
| 6 | 1.15 | 8.55 | 栎类 | 0.98 | 阔叶树种 |
| 7 | 0.89 | 4.55 | 桉树 | 0.80 | 阔叶树种 |
| 8 | 0.61 | 33.81 | 落叶松 | 0.82 | 针叶树种 |
| 9 | 1.04 | 8.06 | 樟木、楠木、槠、青冈 | 0.89 | 阔叶树种 |
| 10 | 0.81 | 18.47 | 针阔混交林 | 0.99 | 混交树种 |
| 11 | 0.63 | 91.00 | 檫木、阔叶混交林 | 0.86 | 混交树种 |
| 12 | 0.76 | 8.31 | 杂木 | 0.98 | 阔叶树种 |
| 13 | 0.59 | 18.74 | 华山松 | 0.91 | 针叶树种 |
| 14 | 0.52 | 18.22 | 红松 | 0.90 | 针叶树种 |
| 15 | 0.51 | 1.05 | 马尾松、云南松、思茅松 | 0.92 | 针叶树种 |
| 16 | 1.09 | 2.00 | 樟子松、赤松 | 0.98 | 针叶树种 |
| 17 | 0.76 | 5.09 | 油松 | 0.96 | 针叶树种 |
| 18 | 0.52 | 33.24 | 其他松类和针叶树 | 0.94 | 针叶树种 |
| 19 | 0.48 | 30.60 | 杨树 | 0.87 | 阔叶树种 |
| 20 | 0.42 | 41.33 | 铁杉、柳杉、油杉 | 0.89 | 针叶树种 |
| 21 | 0.80 | 0.42 | 热带雨林 | 0.87 | 阔叶树种 |

资料来源：引自 Fang 等 (2001)。

## 表4　辽宁省森林生态系统服务评估社会公共数据表

| 编号 | 名称 | 单位 | 出处值 | 2014价格 | 来源及依据 |
|---|---|---|---|---|---|
| 1 | 水库建设单位库容投资 | 元/吨 | 6.32 | 6.59 | 中华人民共和国审计署，2013年第23号公告：长江三峡工程竣工财务决算草案审计结果，三峡工程动态总投资合计2485.37亿元，水库正常蓄水位高程175米，总库容393亿立方米。贴现至2014年 |
| 2 | 水的净化费用 | 元/吨 | 2.46 | 2.46 | 辽宁省居民自来水2014年水价，来源于辽宁省物价局官方网站 |
| 3 | 挖取单位面积土方费用 | 元/立方米 | 42.00 | 42.00 | 根据2002年黄河水利出版社出版《中华人民共和国水利建筑工程预算定额》（上册）中人工挖土方Ⅰ和Ⅱ类土每100立方米需42工时，人工费依据辽宁省《建设工程工程量清单计价规范》取100元/工日 |
| 4 | 磷酸二铵含氮量 | % | 14.00 | 14.00 | 化肥产品说明 |
| 5 | 磷酸二铵含磷量 | % | 15.01 | 15.01 |  |
| 6 | 氯化钾含钾量 | % | 50.00 | 50.00 |  |
| 7 | 磷酸二铵化肥价格 | 元/吨 | 3060.00 | 3060.00 | 来源于辽宁省物价局官方网站2014年磷酸二铵、氯化钾化肥年均零售价格 |
| 8 | 氯化钾化肥价格 | 元/吨 | 3000.00 | 3000.00 |  |
| 9 | 有机质价格 | 元/吨 | 850.00 | 850.00 | 有机质价格根据中国供应商网 (http://cn.china.cn/) 2014年鸡粪有机肥平均价格 |
| 10 | 固碳价格 | 元/吨 | 855.40 | 891.11 | 采用2013年瑞典碳税价格：136美元/吨二氧化碳，人民币对美元汇率按照2013年平均汇率6.2897计算，贴现至2014年 |
| 11 | 制造氧气价格 | 元/吨 | 3620.00 | 3620.00 | 根据中国供应商网 (http://cn.china.cn/) 2014年辽宁医用氧气市场价格。40L规格储气量为5800L，氧气的密度为1.429g/L，零售价格为30元 |
| 12 | 负离子生产费用 | 元/10$^{18}$个 | 8.23 | 8.23 | 根据企业生产应用范围30平方米（房间高3米），功率为6瓦，负离子浓度为个65元的KLD-2000型负离子发生器而推断获得，其中负离子浓度为1000000个/立方米，使用寿命为10年，寿命为10分钟，根据辽宁省物价局官方网站辽宁省电网销售电价，居民生活用电现行价格为0.5653元/千瓦时 |
| 13 | 二氧化硫治理费用 | 元/千克 | 1.26 | 1.26 | 依据国家发改委、财政部、国家环保总局，国家经贸委令第31号；辽宁省财政厅、物价局，环保局财综 [2003] 586号，财政部、国家发改委、国家环保总局财综 [2003] 38号；辽宁省政府令第183号，财政厅、环保局院价 [2008] 111号。价格从发布之日起沿用至2014年 |
| 14 | 氟化物治理费用 | 元/千克 | 0.69 | 0.69 |  |
| 15 | 氮氧化物治理费用 | 元/千克 | 0.63 | 0.63 |  |
| 16 | 降尘清理费用 | 元/千克 | 0.15 | 0.15 |  |

（续）

| 编号 | 名称 | 单位 | 出处值 | 2014价格 | 来源及依据 |
|---|---|---|---|---|---|
| 17 | PM₁₀所造成健康危害经济损失 | 元/千克 | 28.30 | 29.48 | 根据David等2013年《Modeled PM₂.₅ removal by trees in ten U.S. cities and associated health effects》中对美国10个城市绿色植被吸附PM₂.₅及对健康价值影响的研究。其中，价值贴现至2014年，人民币对美元汇率按照2013年平均汇率6.2897计算 |
| 18 | PM₂.₅所造成健康危害经济损失 | 元/千克 | 4350.89 | 4532.54 | |
| 19 | 草方格人工铺设价格 | 元/(公顷·年) | 3500.00 | 3500.00 | 根据甘肃和内蒙古两地草方格治沙工程工程费用计算得出，其中人工每人每天能够铺设草方格1亩，每公顷草方格所需稻草等材料费2000元，人工费依据辽宁省《建设工程量清单计价规范》取100元/工日计算 |
| 20 | 稻谷价格 | 元/千克 | 3.10 | 3.10 | 根据辽宁省物价局官方网站2014年稻谷最低收购价格 |
| 21 | 生物多样性保护价值 | 元/(公顷·年) | — | | 根据Shannon-Wiener指数计算生物多样性保护价值，选取2008年价格，即：<br>Shannon-Wiener指数<1时，S₁为3000元/(公顷·年)；<br>1≤Shannon-Wiener指数<2，S₁为5000元/(公顷·年)；<br>2≤Shannon-Wiener指数<3，S₁为10000元/(公顷·年)；<br>3≤Shannon-Wiener指数<4，S₁为20000元/(公顷·年)；<br>4≤Shannon-Wiener指数<5，S₁为30000元/(公顷·年)；<br>5≤Shannon-Wiener指数<6，S₁为40000元/(公顷·年)；<br>指数≥6时，S₁为50000元/(公顷·年)。<br>其他年份价格通过贴现率贴现获得 |

注：其他相关年份价格可通过价格贴现获取。

# 附件1 相关媒体报道

## 森林资源清查理论和实践有重要突破

森林是人类繁衍生息的根基，可持续发展的保障。目前，水土流失、土地荒漠化、湿地退化、生物多样性减少等问题依然较为严重，在这些严重的生态危机面前，人类已经开始警醒，深刻认识到森林的重要地位和关键作用，并开始采取行动，促进发展与保护的统一，追求经济、社会、生态、文化的协同发展。

当前，我国正处在工业化的关键时期，经济持续增长对环境、资源造成很大压力。如何客观、动态、科学地评估森林生态服务功能，解决好生产发展与生态建设保护的关系，估测全国主要森林类型生物量与碳储量，进行碳收支评估，揭示主要森林生态系统碳汇过程及其主要发生区域，反映我国森林资源保护与发展进程等一系列问题，就显得尤为重要。

近日，由国家林业局和中国林业科学研究院共同首次对外公布的《中国森林生态服务功能评估》与《中国森林植被生物量和碳储量评估》，从多个角度对森林生态功能进行了详细阐述，这对于加深人们的环境意识，促进加强林业建设在国民经济中的主导地位，提高森林经营管理水平，加快将环境纳入国民经济核算体系及正确处理社会经济发展与生态环境保护之间的关系，以及客观反映我国森林对全球碳循环及全球气候变化的贡献，加快森林生物量与碳循环研究的国际化进程，都具有重要意义。

森林，不仅是人类繁衍生息的根基，也是人类可持续发展的保障。伴随着气候变暖、土地沙化、水土流失、干旱缺水、生物多样性减少等各种生态危机对人类的严重威胁，人们对林业的价值和作用的认识，由单纯追求木材等直接经济价值转变为追求综合效益，特别是涵养水源、保育土壤、固碳释氧、净化空气等多种功能的生态价值。

近年来，中国林业取得了举世瞩目的成就，生态建设取得重要进展，国家林业重点生态工程顺利实施，生态功能显著提升，为国民经济和社会发展作出了重大贡献。党和国家为此赋予了林业新的"四个地位"——在贯彻可持续发展战略中具有重要地位，在生态建设中具有首要地位，在西部大开发中具有基础地位，在应对气候变化中具有特殊地位。

以此为契机，最近完成的《中国森林生态服务功能评估》研究，以真实而广博的数据来源，科学的测算方法，系统的归纳整理，全面评估了中国森林生态服务功能的物质量和价值量，为构建林业三大体系、促进现代林业发展提供了科学依据。

所谓的森林生态系统服务功能，是指森林生态系统与生态过程所形成及所维持的人类赖以生存的自然环境条件与效用。森林生态系统的组成结构非常复杂，生态功能繁多。

1997 年，美国学者 Costanza 等在《Nature》上发表文章《The Value of The World's Ecosystem Services and Natural Capital》，在世界上最先开展了对全球生态系统服务功能及其价值的估算，评估了温带森林的气候调节、干扰调节、水调节、土壤形成、养分循环、休闲等 17 种生态服务功能。

2001 年，世界上第一个针对全球生态系统开展的多尺度、综合性评估项目—联合国千年生态系统评估（MA）正式启动。它评估了供给服务（包括食物、淡水、木材和纤维、燃料等）、调节服务（包括调节气候、调节洪水、调控疾病、净化水质等）、文化服务（包括美学方面、精神方面、教育方面、消遣方面等）和支持服务（包括养分循环、大气中氧气的生产、土壤形成、初级生产等）等 4 大功能的几十种指标。

此外，世界粮农组织（FAO）全球森林资源评估以及《联合国气候变化框架公约》《生物多样性公约》等均定期对森林生态状况进行监测评价，把握世界森林生态功能效益的变化趋势。日本等发达国家也不断加强对森林生态服务功能的评估，自 1978 年至今已连续 3 次公布全国森林生态效益，为探索绿色 GDP 核算、制定国民经济发展规划、履行国际义务提供了重要支撑。

我国高度重视森林生态服务功能效益评估研究，经过几十年的借鉴吸收和研究探索，建立了相应的评估方法和定量标准，为开展全国森林生态服务功能评估奠定了基础，积累了经验。

2008 年出版的中国林业行业标准《森林生态系统服务功能评估规范》，是目前世界上唯一一个针对生态服务功能而设立的国家级行业标准，它解决了由于评估指标体系多样、评估方法差异、评估公式不统一，从而造成的各生态站监测结果无法进行比较的弊端，构建了包括涵养水源、保育土壤、固碳释养氧、营养物质积累、净化大气环境、森林防护、生物多样性保护和森林游憩等 8 个方面 14 个指标的科学评估体系，采用了由点到面、由各省（区、市）到全国的方法，从物质量和价值量两个方面科学地评估了中国森林生态系统的服务功能和价值。

数据源是评估科学性与准确性的基础，《中国森林生态服务功能评估》的数据源包括三类：一是国家林业局第七次全国森林资源清查数据；二是国家林业局中国森林生态系统定位研究网络（CFERN）35 个森林生态站长期、连续、定位观测研究数据集、中国科学院中国生态系统研究网络（CERN）的 10 个森林生态站、高校等教育系统 10 多个观测站，以及一些科研基地半定位观测站的数据集，这些森林生态站覆盖了中国主要的地带性植被分布区，可以得到某种林分在某个生态区位的单位面积生态功能数据；三是国家权威机构发布的社会公共数据，如《中国统计年鉴》以及中华人民共和国农业农村部、中华人民共和国水利部、中华人民共和国国家卫生健康委员会、中华人民共和国国家发展和改革委员会等发布的数据。

评估方法采用的是科学有效的分布式测算方法，以中国森林生态系统定位研究网络建立的符合中国森林生态系统特点的《森林生态系统定位观测指标体系》为依据，依托全国森林生态站的实测样地，以省（市、自治区）为测算单元，区分不同林分类型、不同林龄组、不同立地条件，按照《森林生态系统服务功能评估规范》对全国 46 个优势树种林分类型（此外还包括经济林、竹林、灌木林）进行了大规模生态数据野外实地观测，建立了全国森林生态站长期定位连续观测数据集。并与第七次全国森林资源连续清查数据相耦合，评估中国森林生态系统服务功能。

评估结果表明，我国森林每年涵养水源量近 5000 亿立方米，相当于 12 个三峡水库的库容量；每年固持土壤量 70 亿吨，相当于全国每平方千米平均减少了 730 吨的土壤流失。

同时，每年固碳 3.59 亿吨（折算成吸收 $CO_2$ 为 13.16 亿吨，其中土壤固碳 0.58 亿吨），释氧量 12.24 亿吨，提供负离子 $1.68 \times 10^{27}$ 个，吸收二氧化硫 297.45 亿千克，吸收氟化物 10.81 亿千克，吸收氮氧化物 15.13 亿千克，滞尘 50014.13 亿千克。6 项森林生态服务功能价值量合计每年超过 10 万亿元，相当于全国 GDP 总量的 1/3。

《中国森林生态服务功能评估》从物质量和价值量两个方面，首次对全国森林生态系统涵养水源、保育土壤、固碳释氧、林木积累营养物质、净化大气环境与生物多样性保护等 6 项生态服务功能进行了系统评估，评估结果科学量化了我国森林生态系统的多种功能和效益，这标志着我国森林生态服务功能监测和评价迈出了实质性步伐。

需要指出的是，该评估也是中国森林生态系统定位研究网的定位观测成果首次被量化和公开发表。对森林多功能价值进行量化在中国早已不是一件难事，但在全国尺度上实现多功能价值量化却是国际上的一大尖端难题，这也是世界上只有美国、日本等少数国家才能做到定期公布国家森林生态价值的原因所在。

中国森林生态系统定位研究起步于 20 世纪 50 年代末，形成初具规模的生态站网布局是在 1998 年。国家林业局科学技术司于 2003 年正式组建了中国森林生态系统定位研究网络（CFERN）。经过多年建设，目前，中国森林生态系统定位研究网络已发展成为横跨 30 个纬度、代表不同气候带的 35 个森林生态站网，基本覆盖了我国主要典型生态区，涵盖了我国从寒温带到热带、湿润地区到极端干旱地区的最为完整和连续的植被和土壤地理地带系列，形成了由北向南以热量驱动和由东向西以水分驱动的生态梯度的大型生态学研究网络。其布局与国家生态建设的决策尺度相适应，基本满足了观测长江、黄河、雅鲁藏布江、松花江（嫩江）等流域森林生态系统动态变化和研究森林生态系统与环境因子间响应规律的需要。

中国森林生态系统定位研究网络的研究任务是对我国森林生态系统服务功能的各项指标进行长期连续观测研究，揭示中国森林生态系统的组成、结构、功能以及与气候环境变化之间相互反馈的内在机理。

在长期建设与发展过程中，中国森林生态系统定位研究网络在观测、研究、管理、标准化、数据共享等方面均取得了重要进展，目前已成为集科学试验与研究、野外观测、科普宣传于一体的大型野外科学基地与平台，承担着生态工程效益监测、重大科学问题研究等任务，并取得了一大批有价值的研究成果。此次中国森林生态服务功能评估，中国森林生态系统定位研究网络提供大量定位站点观测数据发挥了重要的作用。

基于全国森林资源清查数据和中国森林生态系统定位研究网络的定位观测数据，科学评估中国森林生态系统物质量和价值量，是森林资源清查理论和实践上的一次新的尝试和重要突破。这一成果是在今年首次对外发布的，有助于全面认识和评估我国森林资源整体功能价值，有力地促进我国林业经营管理的理论和实践由以木材生产为主转向森林生态多功能全面经营的科学发展道路。

虽然，大尺度森林生态服务功能评估在模型建立、指标体系构建和数据耦合方法等方面尚存在理论探索空间，客观科学评估多项生态功能还有许多工作要做，但在《中国森林生态服务功能评估》的基础上，客观、动态、科学地评估森林生态服务功能的物质量和价值量，对于加深人们的环境意识，加强林业建设在国民经济中的主导地位，促进林业生态建设工作，应对国际谈判，提高森林经营管理水平，加快将环境纳入国民经济核算体系及正确处理社会经济发展与生态环境保护之间的关系具有重要的现实意义。

摘自：《科技日报》2010年6月8日第5版

# 一项开创性的里程碑式研究

## ——探寻中国森林生态系统服务功能研究足迹

**导　读**

生态和环境问题已经成为阻碍当今经济社会发展的瓶颈。作为陆地生态系统主体的森林，在给人类带来经济效益的同时，创造了巨大的生态效益，并且直接影响着人类的福祉。

在全球森林面积锐减的情况下，中国却保持着森林面积持续增长的态势，并成为全球森林资源增长最快的国家，这种增长主要体现在森林面积和蓄积量的"双增长"。

森林究竟给人类带来了那些生态效益？这些生态效益又是如何为人类服务的？如何做到定性与定量相结合的评价？林业研究者历时4年多，在全国31个省（区、市）林业、气象、环境等相关领域及部门的配合下，近200人参与完成了中国森林生态系统服务功能价值测算，对森林的涵养水源、保育土壤、固碳释氧、积累营养物质、净化大气环境和生物多样性保护共6项生态系统服务功能进行了定量评价。此项研究成果，不仅真实地反映了林业的地位与作用、林业的发展与成就，更为整个社会在发展与保护之间寻求平衡点、建立生态效益补偿机制提供了科学依据。"中国森林生态系统服务功能研究"成果自发布以来，备受国内外学术界关注。

十八大报告中指出，加强生态文明制度建设，要把资源消耗、环境损害、生态效益纳入经济社会发展评价体系，建立体现生态文明要求的目标体系、考核办法、奖惩机制。其中，对生态效益的评价，指的就是对生态系统服务功能的评价。

林业研究者历时4年多从事的森林生态系统服务功能研究，不但让人们直观地认识到森林给人类带来的生态效益的大小，而且从更高层面上讲，推动了绿色GDP核算，推进了经济社会发展评价体系的完善。在中国，这项研究被称为里程碑式的研究。

这项研究由中国林业科学研究院森林生态环境与保护研究所首席专家王兵研究员牵头完成。这项成果主要在江西大岗山森林生态站这个研究平台上孕育孵化而来，并在全体中国森林生态系统定位研究络(CFERN)工作人员的齐心协力下共同完成的。

这项研究的意义远不止如此。

日前，中国研究者关于《中国森林生态系统服务功能评估的特点与内涵》的论文发表在美国《生态复杂性》期刊上。业内人士普遍认为，这对中国乃至全球生态系统服务功能研究均具有重要的借鉴意义。

在系统研究森林生态系统服务功能方面，同样具有借鉴和指导意义的还有已经出版发行的《中国森林生态服务功能评估》《中国森林生态系统服务功能研究》。此外，这方面的中文文章也发表甚多，其中《中国经济林生态系统服务价值评估》一文发表在 60 种生物学类期刊中排名第二位的《应用生态学报》上，文章获得了被引频 30 次 (CNKI)、排名第九的殊荣。

中国森林生态系统服务功能研究到底是一项怎样的研究，为何受到国内外学者的广泛关注？让我们跟随林业研究者的足迹，详实了解其研究过程以及取得的研究成果，通过这笔科学财富达到真正认识森林生态系统、保护森林生态系统的目的。

### 以指标体系为基础

指标体系的构建是评估工作的基础和前提。随着人类对生态系统服务功能不可替代性认识的不断深入，生态系统服务功能的研究逐步受到人们的重视。

根据联合国千年生态系统评估指标体系选取的"可测度、可描述、可计量"准则，国家林业局和中国林业科学研究院未雨绸缪，在开展森林生态系统服务功能研究之前，就已形成了全国林业系统的行业标准，这就是《森林生态系统服务功能评估规范》(LY/T 1721—2008)。这个标准所涉及的森林生态系统服务功能评估指标内涵、外延清楚明确，计算公式表达准确。一套科学、合理、具有可操作性的评估指标体系应运而生。

### 以数据来源为依托

俗话说"巧妇难为无米之炊"，没有详实可靠的数据，评估工作就无法开展。这项评估工作采用的数据源主要来自森林资源数据、生态参数、社会公共数据。

森林资源数据主要来源于第七次全国森林资源清查，从 2004 年开始，到 2008 年结束，历时 5 年。这次清查参与技术人员两万余人，采用国际公认的"森林资源连续清查"方法，以数理统计抽样调查为理论基础，以省（区、市）为单位进行调查。全国共实测固定样地 41.50 万个，判读遥感样地 284.44 万个，获取清查数据 1.6 亿组。

生态参数来源于全国范围内 50 个森林生态站长期连续定位观测的数据集，目前生态站已经发展到 75 个。这项数据集的获取主要是依照中华人民共和国林业行业标准 LY/T 1606—2003 森林生态系统定位观测指标体系进行观测与分析而获得的。

社会公共数据来源于我国权威机构所公布的数据。

**以评估方法为支撑**

运用正确的方法评价森林生态系统服务功能的价值尤为重要，因为它是如何更好地管理森林生态系统的前提。

如果说20世纪的林业面对的是简单化系统、生产木材及在林分水平的管理，那么21世纪的林业可以认为是理解和管理森林的复杂性、提供不同种类的生态产品和服务、在景观尺度进行的管理。同样是森林，由于其生长环境、林分类型、林龄结构等不同，造成了其发挥的森林生态系统服务功能也有所不同。因此，研究者在评估的过程中采用了分布式测算方法。

这是一种把一项整体复杂的问题分割成相对独立的单元进行测算，然后再综合起来的科学测算方法。这种方法主要将全国范围内、除港、澳、台地区的31个省级行政区作为一级测算单元，并将每一个一级测算单元划分为49个不同优势树种林分类型作为二级测算单元，按照不同林龄又可将二级测算单元划分为幼龄林、中龄林、近熟林、成熟林和过熟林5个三级测算单元，最终确立7020个评估测算单元。与其他国家尺度及全球尺度的生态效益评估相比，中国在这方面采用如此系统的评估方法尚属首次。

**以服务人类为目标**

生态系统服务功能与人类福祉密切相关。中国林业科学研究院的研究人员通过4年多的努力，终于摸清了"家底"，首次认识到中国森林所带给人类的生态效益。如果将这些研究出来的数字生硬地摆在大众面前，很难让人们认识到森林的巨大作用。

聪明的研究人员将这些数字形象化地对比分析后，人们顿时茅塞顿开。2010年召开的中国森林生态服务评估研究成果发布会上，公布了中国森林生态系统服务功能的6项总价值为每年10万亿元，大体上相当于目前我国GDP总量30万亿元的1/3。其中，年涵养水源量为4947.66亿立方米，相当于12个三峡水库2009年蓄水至175米水位后库容量；年固土量达到70.35亿吨，相当于全国每平方千米土地减少730吨土壤流失，如按土层深度40厘米计算，每年森林可减少土地损失351.75万公顷；森林年保肥量为3.64亿吨，如按含氮量14%计算，折合氮肥26亿吨；年固碳量为3.59亿吨，相当于吸收工业二氧化碳排放量的52%。

如此形象的对比描述，呼唤着人们生态意识的不断觉醒。当前，为摸清"家底"，全国有一半以上的省份开展了森林生态系统服务功能的评估工作。有些省份，如河南、辽宁、广东，甚至连续几次开展了全省的动态评估工作。

这项工作不仅仅是为了评估而评估，初衷在于进一步推进生态效益补偿由政策性补偿向基于生态功能评估的森林生态效益定量化补偿的转变。当前的生态效益补偿绝大多数都是为了补偿而补偿，属于政策性的、行政化的、自组织的补偿，并没有从根本上调节利益受益者和受损者的平衡。而现在借助于某一块林地的生态效益进行补偿，可以实现利用、维护和改善森林生态系统服务过程中外部效应的内部化。

对于这项研究工作的前期积累，国家林业局 50 个森林生态系统定位观测研究站的工作人员，不管风吹日晒，年复一年的在野外开展监测工作，甚至冒着生命的危险。在东北地区，有一种叫做蜱虫的动物，它将头埋进人体的皮肤内吸血，严重者会造成死亡。在南方，类似的动物叫做蚂蟥，同样会钻进人体的皮肤吸血。在这样危险的条件下，每一个林业工作者都不负重任、尽职尽责，完成了监测任务，为评估工作的开展奠定了坚实基础。

### 以经济、社会、生态效益相协调发展为宗旨

林业研究者认为，我们破坏森林，是因为我们把它看成是一种属于我们的物品；当我们把森林看成是一个我们隶属于它的共同体时，我们可能就会带着热爱与尊敬来使用它。

传承着"天人合一""道法自然"的哲学理念，融合着现代文明成果与时代精神，凝聚着中华儿女的生活诉求，研究者们用了近两年的时间，对森林生态系统服务功能评估的特点及内涵等开展了深入分析和研究，对其与经济、社会等相关关系进行了尝试性的探索。

生态效益无处不在，无时不有。通过生态区位商系数，进一步说明了人类从森林中获得多少生态效益，获得什么样的森林生态效益，获得的森林生态系统服务功能是优势功能还是弱势功能。这与各省、各林分类型所处的自然条件和社会经济条件有直接关系。林业研究者预测，在当前的国情和林情下，森林生态将会保持稳步增加的趋势，原因在于当前不断加强人工造林，导致幼龄林占有较大比重，其潜在功能巨大。

那么，生态效益与经济、社会等究竟如何协调发展？为了将森林生态系统服务功能评估结果应用于实践中，科研人员尝试性地选用恩格尔系数和政府支付意愿指数来进一步说明它们之间的关系，研究了生态效益与 GDP 的耦合关系等。

恩格尔系数反映了不同的社会发展阶段人们对森林生态系统服务功能价值的不同认识、重视程度和为其进行支付的意愿是不同的，它是随着经济社会发展水平和人民生活水平的不断提高而发展的。从另一方面也说明了森林与人类福祉的关系。

政府支付意愿指数从根本上反映了政府对森林生态效益的重视程度及态度，进一步明确政府对森林生态效益现实支付额度与理想支付额度的差距。这也从侧面反映了经济、社会、生态效益相协调发展的宗旨。

### 以生态文明建设为导向

森林对人们的生态意识、文明观念和道德情操起到了潜移默化的作用。从某种意义讲，人类的文明进步是与森林、林业的发展相伴相生的。森林孕育了人类，也孕育了人类文明，并成为人类文明发展的重要内容和标志。因此可以说，森林是生态文明建设的主体，森林

的生态效益又是生态文明建设的最主要内容。通过森林生态效益的研究，凸显中华民族的资源优势，彰显生态文明的时代内涵，力争实现人与自然和谐相处。

## 结语

森林生态系统功能与森林生态系统服务的转化率的研究是目前生态系统服务评估的一个薄弱环节。目前的生态系统服务评估还停留在生态系统服务功能评估阶段，还远远不能实现真正的生态系统服务评估。

究其原因，就是以目前的森林生态学的发展水平还不能提供对森林生态系统服务功能转化率的全方位支持，也就是我们不知道森林生态系统提供的生态功能有多大比例转变成生态系统服务，这也是以后森林生态系统服务评估研究的一个迫切需要解决的问题。

## 院士心语

当前，我国正处在工业化的关键时期，经济持续增长对环境、资源造成很大压力。在这些严重的生态危机面前，人类已经开始警醒，深刻认识到森林的重要地位和关键作用，并开始采取行动，促进发展与保护的统一，追求经济、社会、生态、文化的协同发展。如何客观、动态、科学地评估森林的生态服务功能，解决好生产发展与生态建设保护的关系，显得尤为重要。这对于加深人们的环境意识，促进加强林业建设在国民经济中的主导地位，提高森林经营管理水平，加快将环境纳入国民经济核算体系及正确处理社会经济发展与生态环境保护之间的关系，以及客观反映我国森林对全球气候变化的贡献，都具有重要意义。

——中国工程院院士  李文华

## 概念解析

（1）生态系统服务。从古至今，许多科学家提出了生态系统服务的概念，有些定义侧重于表达生态系统服务的提供者，而有些概念侧重于阐明受益者。通过对比科学家们提供的概念，中国林业科学研究院专家认为，生态系统服务是指生态系统中可以直接或间接地为人类提供的各种惠益。

（2）生态系统功能。生态系统功能是指生态系统的自然过程和组分直接或间接地提供产品和服务的能力。它包括生态系统服务功能和非生态系统服务功能两大类。

生态系统服务功能维持了地球生命支持系统，主要包括涵养水源、改良土壤、防止水土流失、减轻自然灾害、调节气候、净化大气环境、孕育和保护生物多样性等功能，以及具有医疗保健、旅游休憩、陶冶情操等社会功能。这一部分功能可以为人类提供各种服务，因此被称为生态系统服务功能。

　　非生态系统服务功能是指本身存在于生态系统中，而对人类不产生服务或抑制生态系统服务产生的一些功能。它随着生态系统所处的位置不同而发挥不同的作用，有些功能甚至是有害于人类健康的。例如木麻黄属、枫香属等树木，在生长过程中会释放出一些污染大气的有机物质，如异戊二烯、单萜类和其他易挥发性有机物 (VOC)，这些有机物质会导致臭氧和一氧化碳的生成。这样的生态系统功能不但不会为人类提供各种服务，还会影响到人类的健康，因此被称之为非生态系统服务功能。

摘自：《中国绿色时报》2013 年 2 月 4 日 A3 版

# "中国森林生态系统连续观测与清查及绿色核算"
# 系列丛书目录

1. 安徽省森林生态连清与生态系统服务研究，出版时间：2016 年 3 月

2. 吉林省森林生态连清与生态系统服务研究，出版时间：2016 年 7 月

3. 黑龙江省森林生态连清与生态系统服务研究，出版时间：2016 年 12 月

4. 上海市森林生态连清体系监测布局与网络建设研究，出版时间：2016 年 12 月

5. 山东省济南市森林与湿地生态系统服务功能研究，出版时间：2017 年 3 月

6. 吉林省白石山林业局森林生态系统服务功能研究，出版时间：2017 年 6 月

7. 宁夏贺兰山国家级自然保护区森林生态系统服务功能评估，出版时间：2017 年 7 月

8. 陕西省森林与湿地生态系统治污减霾功能研究，出版时间：2018 年 1 月

9. 上海市森林生态连清与生态系统服务研究，出版时间：2018 年 3 月

10. 辽宁省生态公益林资源及其生态系统服务动态监测与评估，出版时间：2018 年 12 月